数学クラスタが集まって本気で大喜利してみた

数学不只有一个答案

16个问题引发的头脑风暴

U0233793

[日] 一君 著

周自恒 译

人民邮电出版社

北 京

图书在版编目（CIP）数据

数学不只有一个答案：16个问题引发的头脑风暴 /
(日) 一君著；周自恒译. -- 北京：人民邮电出版社，
2023.8
（图灵新知）
ISBN 978-7-115-61358-5

Ⅰ. ①数… Ⅱ. ①一… ②周… Ⅲ. ①数学－普及读
物 Ⅳ. ①O1-49

中国国家版本馆CIP数据核字(2023)第042918号

内 容 提 要

本书从各种角度来思考同一个数学问题（一共16个问题），并给出不同的解答。这16个问题包括：三等分蛋糕、设计时钟的表盘、求出地球的直径、列举违背规律的东西、画出心形图像、列举答案为1的问题、三等分角、用大定理证明一些无聊的命题、求出圆周率、列举发生概率为无理数的现象、找出近似整数、列举"有病的数学"、证明1=2、列举不可思议的图形、让住满的无限旅馆腾出房间、列举特别大的数。这些数学问题都富有趣味性，其中不乏经典问题。例如，对于如何三等分蛋糕，书中给出了10种不同的解答，并给出了相应的难度系数和思路。这样的思维锻炼方式对提升数学思维和综合应用能力大有裨益。

本书适合对数学感兴趣的读者阅读，是老少咸宜的数学科普书。

◆ 著　　　　[日]一君
　　译　　　　周自恒
　　责任编辑　杨　琳
　　责任印制　胡　南

◆ 人民邮电出版社出版发行　　北京市丰台区成寿寺路11号
　　邮编　100164　　电子邮件　315@ptpress.com.cn
　　网址　https://www.ptpress.com.cn
　　涿州市般润文化传播有限公司印刷

◆ 开本：787×1092　1/32
　　印张：6.375　　　　　　　　2023年8月第1版
　　字数：153千字　　　　　　　2025年4月河北第5次印刷
　　著作权合同登记号　图字：01-2023-0807号

定价：69.80元
读者服务热线：(010)84084456-6009　印装质量热线：(010)81055316
反盗版热线：(010)81055315

版 权 声 明

翻开这本书的读者朋友们，大家好！我叫"店长"，是一名撰稿人。出于"某个请求"，我在这里和大家说几句话。

作为撰稿人，我的工作是撰写文章，与此同时，我还有另外一份工作，那就是担任大喜利活动的运营者和讲师。

大喜利是一种对给出的"题目"做出各种有趣"解答"的搞笑活动。

前几天，出版社联系我说：

◆ 据说有一个特别特别喜欢数学的神奇组织
◆ 据说这个组织也在搞脑洞大开的数学大喜利
◆ 能不能帮忙调查一下他们的世界是什么样子的呢？

数学也能搞大喜利？你说的数学，就是我们在学校学的方程、图形之类的东西吧？这东西搞大喜利……

这到底是怎么回事呢？
莫非，是什么可疑的集会？
反正也想不明白，还是找当事人直接问清楚吧！

一君

你好，我是数学爱好者协会的会长一君，请多指教！

店长

事情是这样的……我听说你组织了一个**"用数学搞大喜利的可疑协会"**……

一君

一点儿也不可疑啊（笑）！我身边有很多特别特别喜欢数学的朋友，我一般管他们叫"数学集团（cluster）"。给这些人出题的话，他们就会用数学给出很多有趣的解答，这难道不是一种"大喜利"吗？

店长

欸？你先等一下。**数学题难道不是只有一个答案吗？**这怎么能叫大喜利呢？

一君

这样啊……

原来店长你认为"数学题只有一个答案"啊！

店长

难道不是吗？

一君

我明白了，那我们来看一道例题吧！你应该经历过：把蛋糕切成几份，每份的大小都不一样。这时朋友们就会有意见。那么，**有没有什么方法能把一整个蛋糕准确地三等分呢？**

店长

嗯——你说的一整个蛋糕就是一个 360° 的圆形蛋糕吧？要想三等分的话，**只要按照 360°÷3=120° 分成三份不就好了吗？**

呵呵，这也是一种答案！但是让"数学集团"来解答这个问题的话：

可以这样切。

欸?!

店长

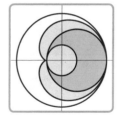

也可以这样切，还有其他各种各样的切法！

可……可是这样切真的是准确的三等分吗……?!

店长

一君

当然！每种答案都是有数学依据的。

 店长

原来如此，只有对数学相当了解的人才能给出这样的解答呢！想到这种答案还真不容易，一定需要很强的想象力。

 一君

你发现了啊！对提出的问题，用数学给出独特的解答……这不正是**数学的大喜利**吗？

 店长

原来是这样啊！看了上面这些答案，我就明白了。

 一君

有无数种答案的数学是不是很有趣呢？说到这里，**你想不想看看其他的答案和解法呢？**

 店长

想啊想啊，都给我看一看吧！

于是，便有了这次的策划。

本书从为"数学爱好者协会"实际提出过的"三等分蛋糕""求出地球的直径"等问题所征集的解答中，遴选了一些优质解答介绍给大家。同时，本书还收录了会长一君专门为本书撰写的一些有趣的数学梗，大家一定要看哦。

我（店长）作为本书的策划编辑，看了这些解答也会笑出声，这些解答都太厉害了，真的会让我瞠目结舌。

这真是一场高水平的大喜利，让我大开眼界。

我希望本书能够让大家感受到有无数种答案的数学的有趣之处。

事不宜迟，马上进入正题吧。

欢迎来到
丰富多彩的
"数学集团"的世界！

本书的组成

本书由两部分组成，一部分是在推特上开展的数学大喜利活动中征集到的"答案"，另一部分是会长一君撰写的"数学梗"。

阅读建议

① 先阅读"题目"页，然后自己尝试思考一下"答案"。想马上看"答案"的读者可以直接继续阅读，只看答案也是很有趣的。

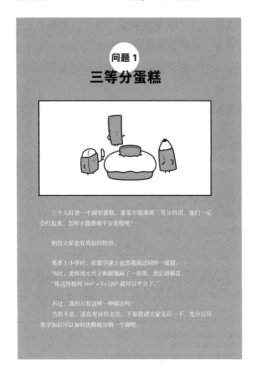

问题 1
三等分蛋糕

三个人盯着一个圆形蛋糕，要是不能准确三等分的话，他们一定会打起来。怎样才能准确平分蛋糕呢？

相信大家也有类似的经历。

笔者上小学时，在数学课上也曾遇到过同样一道题。
当时，老师用大尺子和圆规画了一张图，然后讲解道：
"像这样按照 $360° \div 3 = 120°$ 就可以平分了。"

不过，真的只有这样一种解法吗？
当然不是，还有更好的方法。下面就请大家见识一下，充分运用数学知识可以如何优雅地分割一个圆吧。

2 "答案"页收录了"答案"（方法）和相关的讲解。左上角标有答案对应的 LEVEL（难度）。方法标题下面标有投稿者的账号或发现者的名字。署名"@ 有名问题"表示这个答案在数学界很有名，历史悠久，或是已经作为定理存在（在征集到的答案中，凡是属于这一类的都会统一以此署名）。"答案"页同时还载有会长对于"答案"的"讲评"和"感想"。

好了，不要想太多，

请尽情探索"数学的魔界"吧！

目　录

设计

角仓织音

（OCTAVE）

插图

STUDY 优作

排版

甲斐麻里惠

校对

宫本和直、

四月社有限公司、

鸥来堂株式会社

DTP

Forest 株式会社

问题 1
三等分蛋糕

三个人盯着一个圆形蛋糕，要是不能准确三等分的话，他们一定会打起来。怎样才能准确平分蛋糕呢？

相信大家也有类似的经历。

笔者上小学时，在数学课上也曾遇到过同样一道题。
当时，老师用大尺子和圆规画了一张图，然后讲解道：
"像这样按照 $360° \div 3 = 120°$ 就可以平分了。"

不过，真的只有这样一种解法吗？
当然不是，还有更好的方法。下面就请大家见识一下，充分运用数学知识可以如何优雅地分割一个圆吧。

LEVEL ★ ★

方法 **1**

用六角星切

（ @potetoichiro ）

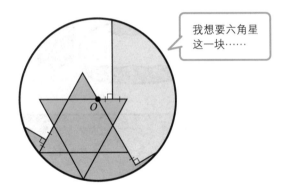

这个答案是"第一届三等分圆"竞赛最优秀奖得主。

第一次看见这张图时，我也没看懂。

如果真是个蛋糕，大家肯定会抢着要六角星那一块吧……

我没信心能切好……

越这样想，就越想要知道其中的奥秘，于是我请答案的投稿者讲了一下。

当我弄懂这个解法的时候，
那种快感至今也忘不了。

让我们来看看他是怎么切的吧。

如下图所示，将圆分割成若干正三角形小块。巧妙地选取这些小块，像拼图一样拼在一起，就可以准确地将圆三等分了！

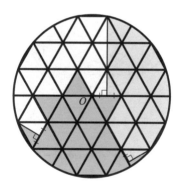

仔细观察可以发现，三等分后的每一个图形都包含相同数量的小块。乍一看很难理解，但画出正三角形的辅助线后，就会发现原理非常简单。

看到这个解法时，"数学集团"的所有人异口同声地说："太优雅了……"如果你看到这个解法也感到非常优雅，那我可以说，你已经站在"数学集团"的大门口了。

派生形

用十二角星切

（@potetoichiro）

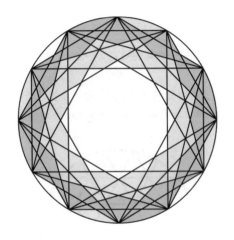

这是一种用 12 个顶点的星形多边形**十二角星**来进行分割的切法。

第一次看到这种切法的时候，笔者不由得感叹道"真漂亮"。十二角星在古代西方文化中是一种象征精神的符号，据说看到这种形状的人无不被其优美所吸引。

如果你也觉得这种切法很漂亮，那你身上可能也具有那种古典的精神感性。

像这种完全抛弃"蛋糕易切性"、只追求数学美感的思路，还真的很值得学习呢。

LEVEL ★

方法 2

先移动再切

（@tanishi_0）

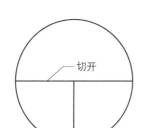

切开

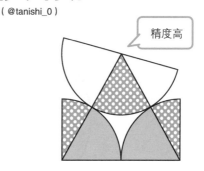

精度高

首先，如左图所示将圆按丁字形切开。

将圆分成三个扇形后，按右图重新排列，再按正三角形切开。

于是，现在各部分扇形的角度为 ▨ ＝60°＋60°＝120°，▩ ＝60°＋30°＋30°＝120°，▢ ＝180°－60°＝120°，的确是三等分。我们再把它们拼起来，验证一下是不是三等分。

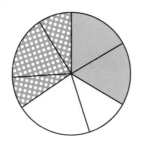

即便只是目测，也能以相当高的精度来切分蛋糕。

用这种方法来切蛋糕，一定会得到朋友们的崇拜吧！

方法 3

利用直径的四等分线

（@asunokibou）

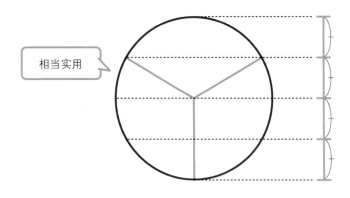

相当实用

不可思议的是，人类的大脑虽然擅长将图形对半平分，对于三等分却很难摸到门道。

因此，比起三等分，还是先对半分再对半分，也就是四等分更加容易。

在这个方法中，利用直径的四等分线，就可以很容易地以很高的精度实现三等分。

请看下页图。

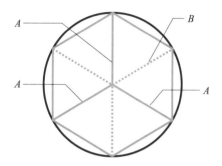

如上图所示，我们先作圆的内接正六边形，于是，沿实线 *A* 切开就可以完成三等分。

而且，由于实线 *A* 和虚线 *B* 组成的三角形都是正三角形，因此蓝色线段的长度都是相等的。

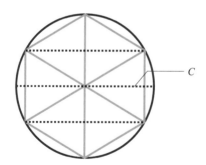

这里用黑色虚线 *C* 过正三角形的顶点作对边的垂线，即可平分底边。这个平分点与圆的直径的四等分点是一致的。

这种切法虽然不够华丽，但过程还是非常有趣的。

实用性强、容易复现是这种方法的优点。

方法 **4**

用心形曲线切

(@Yugemaku)

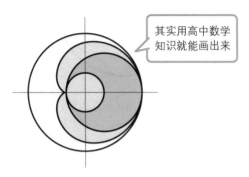

其实用高中数学知识就能画出来

上图中像爱心一样的曲线称为**心形曲线**，其英文名称 cardioid 在希腊语中就是**"心脏形状"**的意思。用两个大小相同的圆形就可以画出心形曲线，大家可以用硬币来试试看！

让一枚硬币沿另一枚硬币的圆周转动，转动的硬币圆周上的一点所经过的轨迹就是心形曲线。

【 简单！心形曲线的画法！】

1

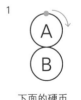

下面的硬币保持不动！

2

不要打滑，慢慢转动并用点标记！

3

重复这一步骤！

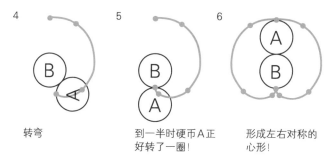

4　转弯

5　到一半时硬币A正好转了一圈！

6　形成左右对称的心形！

※若硬币A在不打滑的情况下沿硬币B转动，则当沿硬币B转一周回到起点时，硬币A应该转过了两圈。

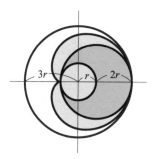

设硬币的直径为 a，则心形曲线的面积为 $\frac{3}{2}\pi a^2$，而硬币的面积为 $\frac{1}{4}\pi a^2$，因此其面积之比为 $\frac{1}{4} : \frac{3}{2} = 1 : 6$。

在这个切法中，圆的半径之比为 $1:2:3$，而面积之比为相似比（长度之比）的平方，即 $1^2 : 2^2 : 3^2 = 1 : 4 : 9$，因此最小的圆与心形曲线的面积之比就是 $1:6$。

由此可以计算出每种颜色的面积之比为 □ : ▨ : □ = (6-4+1) : (4-1) : (9-6) = 3:3:3，也就是完美的三等分。

方法 **5**

用同心圆切

（@dannchu）

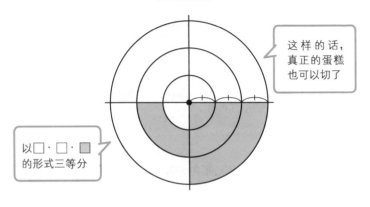

按照圆心相同的三个圆再加上一个十字切分，将碎片巧妙拼合之后也能成功实现三等分。

三个圆的半径之比为 $1 : 2 : 3$。

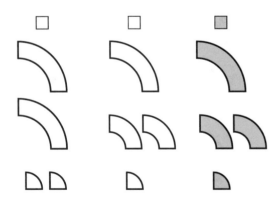

仔细观察可以发现，碎片共有三种大小，从内到外依次称为小、中、大。

每种碎片的个数如上页图所示。如果各颜色的总面积相同，那么应该有"大 + 小 = 中 × 2"的关系。我们来验证一下。

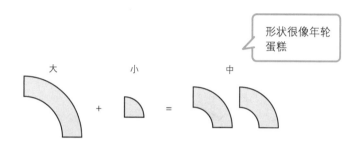

形状很像年轮蛋糕

已知三个圆的半径之比为 $1 : 2 : 3$，因此圆的面积之比为半径之比的平方，即 $1 : 4 : 9$。

于是，三种碎片的面积之比为

小：中：大 $= 1 : (4-1) : (9-4) = 1 : 3 : 5$

于是有

(大 + 小)：(中 × 2) $= (5+1) : (3 \times 2) = 6 : 6 = 1 : 1$

由此可得"大 + 小 = 中 × 2"的关系成立，也就是成功实现了三等分。

方法 **6**

使用比萨定理

(@aburi_roll_cake)

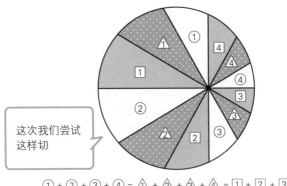

这次我们尝试
这样切

①＋②＋③＋④ ＝ △1 ＋ △2 ＋ △3 ＋ △4 ＝ 1 ＋ 2 ＋ 3 ＋ 4

首先，在圆的内部任取一点。然后，过这个点以 30° 的间隔依次切开。最后，将切出的扇形碎片三个三个地拼起来……奇迹发生了！竟然完美实现了三等分。

这种方法运用了一个称为**比萨定理**[1]的定理。

按 90°÷2＝45° 的间隔切 ⇒ 二等分

---

[1]　比萨定理的部分内容为，过一点 P 用 n 刀以相等的间隔角度切开比萨，按顺序依次将碎块编号为 1、2、3……然后按编号除以 n 的余数分组，若 n 为偶数，则无论点 P 是否为圆心，每组碎片的面积之和都相同。这个定理最早于 1967 年作为一个问题被提出，直到 2009 年才被完全解决。

——译者注

按 $90° \div 3 = 30°$ 的间隔切 $\Rightarrow$ 三等分

按 $90° \div 5 = 18°$ 的间隔切 $\Rightarrow$ 五等分

由此可见，只要按（$90° \div$ 人数）的间隔切，就可以按人数等分。**这对任意人数都有效，真是一种通用性很高的方法！**

方法7

无限四等分

（@IK27562928）

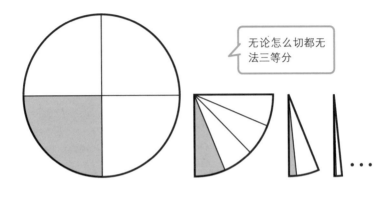

无论怎么切都无法三等分

这是一个通过对蛋糕无限四等分，然后再拼起来实现三等分的方案。

这个方案非常有趣，但有一个很大的漏洞。

通过无限四等分可以无限接近三等分，但永远无法实现真正的三等分。

尽管如此，在实际切蛋糕的时候，由于刀上附着的蛋糕和奶油会造成误差，因此在第三次四等分时就已经可以实现"近似三等分"了。得到这样的精度应该已经不会让人们打起来了，所以还是值得一试的。

话说回来，为什么"无限四等分"就可以实现三等分呢？

如果设蛋糕的面积为 1，那么第一次四等分后，每块的面积为 $\dfrac{1}{4}$。

第二次四等分后，每块的面积为 $\frac{1}{4} \times \frac{1}{4} = \frac{1}{4^2}$。同样，第三次四等分后，

每块的面积为 $\frac{1}{4^3}$。第四次四等分后，每块的面积为 $\frac{1}{4^4}$。第 n 次四等

分后，每块的面积为 $\frac{1}{4^n}$。当 n 趋于无穷大时，所有这些数相加之和就

会无限接近 $\frac{1}{3}$。

我们可以用如下式子表示：

$$\frac{1}{4} + \frac{1}{4^2} + \frac{1}{4^3} + \frac{1}{4^4} + \frac{1}{4^5} + \frac{1}{4^6} + \cdots \frac{1}{4^n} \approx \frac{1}{3}$$

这是一个对 $\frac{1}{4}$ 的幂（n 次幂）进行求和的式子，我们将其称为**首

项为 $\frac{1}{4}$、公比为 $\frac{1}{4}$ 的无限等比级数**。

至于这个式子是否成立，我们可以通过可视化的方式来验证。

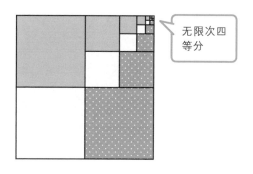

无限次四
等分

将正方形四等分，然后将得到的小正方形继续四等分……以此类推，不断重复。

相信大家凭直觉就能看出，每种颜色的总面积占整体的三分之一。

此外，用正三角形也可以完成同样的证明。

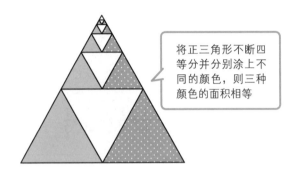

将正三角形不断四等分并分别涂上不同的颜色，则三种颜色的面积相等

将正三角形不断四等分，然后分别涂上不同的颜色，可以看出三种颜色的面积相等，也就是实现了三等分。

像这样用图和简短的式子进行证明的方式称为**无字证明**（proof without words）。很多无字证明十分优雅，深受数学爱好者的喜爱。

附加内容

三等分 "円"① 字

（@KaDi_nazo）

> 这也算是一种"円"的三等分

虽然不是蛋糕，但我们还是给大家介绍一种**把"円"字三等分的方法**。如上图所示，可以将"円"字拆分成三个相同的丁字形。

其实，能拆分成若干个丁字形的字不止"円"一个。

田：四等分　　　　里：六等分　　　　埋：八等分

随便想想就能想出这么多。重点是不能有像走之底（辶）这种弯曲的部首，或者像四点底（灬）这种断开的部首。

---

① "円"是"圆"在日语汉字中的写法。——译者注

除此之外，还有很多字也能拆分成相同的丁字形，有兴趣的话就找找看吧。

如果真有一个"円"字形的蛋糕，那这位同学肯定能当英雄了！

问题 2
设计时钟的表盘

大家平常使用的指针式时钟，表盘上都写有 1～12 这几个数。

但是，能表示 1～12 的式子可以说是不胜枚举。

机会难得，就让我们发扬一下"数学集团"的风格，设计出比普通的数字表盘更有趣的表盘吧。

方法 **1**

用等式连接的数

（@potetoichiro）

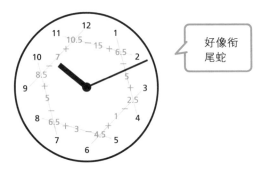

好像衔
尾蛇

有的数差一点儿就凑不出来了。
看着平平无奇，其实是黑科技。

连接 1 和 4 的式子是 6.5−5+2.5，反过来看结果就变了：

$$2.5+5-6.5=1 \qquad 6.5-5+2.5=4$$

还有下面的式子：

$$4.5+1-2.5=3 \qquad 2.5-1+4.5=6$$

这个设计非常容易理解，但想出这个设计非常困难。

LEVEL ★ ★ ★ ★

方法 2

6321works

（@StandeeCock）

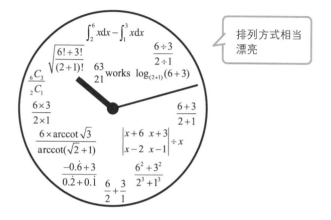

排列方式相当漂亮

这个设计是使用 6、3、2、1 这 4 个数字来表示 1～12 的。

而且，几乎所有的式子都是按 $\begin{smallmatrix}6&3\\2&1\end{smallmatrix}$ 这样的形式来排列的。

至于为什么要选择 6、3、2、1 这 4 个数字，我也不知道。

但是，这里面用到了 tan x 的倒数的反函数 arccot x、行列式以及积分等，从这一点来看投稿者应该不一般。

如果把这个挂在家里，学文科的朋友看了应该会目瞪口呆吧！

方法 **3**

使用 mod

(@arith_rose)

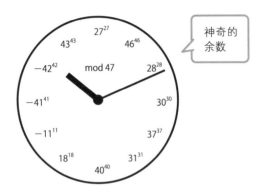

神奇的余数

a mod b 表示 a 除以 b 的余数。

要找到用形如 m^m 除以某个数的余数（mod n）来表示 1～12 的整数组，需要进行大量烦琐的计算……

这实在是太难了。

看来投稿者一定是一个非常有毅力的人……

虽然光看已经觉得很有趣了，但我们还是稍微计算一下吧！
1 点的情况可以使用费马小定理快速计算出来。

[费马小定理]

当 p 是质数，且 a 不是 p 的倍数时，有

$$a^{p-1} \equiv 1 (\text{mod } p)$$

根据费马小定理可得

$$46^{46} \equiv 46^{47-1} \equiv 1 (\text{mod } 47)$$

除了 1 点之外，其他的数计算起来都很难，对计算有信心的朋友可以挑战一下自己的计算水平。

当然，用计算机来算也没问题。

方法 **4**

画出罗马数字的图像

(@con_malinconia)

可怕的
完成度

这是一个 k 取不同的值就可以画出不同罗马数字图像的函数。

仅用一个函数就可以表示出整个时钟的表盘。

完全不知道是怎么想出来的。

投稿者要么是脑子太聪明，要么是脑子有大病（褒义的），只能说
是天才的游戏了。

式子太难了，完全无法理解……

$$\left(\left(\left[\frac{11}{k^2-12k+42}\right](4x+y)+8k-28\right)\left(\left[\frac{11}{k^2-12k+42}\right](4x-y)+8k-52\right)\right.$$

$$\left(\left[\frac{11}{k^2-22k+127}\right](2x+y)+4k-40\right)\left(\left[\frac{11}{k^2-22k+127}\right](2x-y)+4k-40\right)$$

$$\left(\sin\left(\frac{\pi}{4}\left(x+2\left[\frac{k-4}{5}\right]-2k\right)\right)^{12}+\left[1-\frac{k}{5}+\left[\frac{k}{5}\right]\right]+\left(\left[e^{k-4}\right]+\left[\frac{-x^2+10k-8}{23}\right]^2\right)\right.$$

$$\left(\left[e^{-k+3}\right]+\frac{1}{86400}\left(-\frac{5}{3}\left(k-5\left[\frac{k}{5}\right]-2\right)^3-\frac{1}{3}\left(k-5\left[\frac{k}{5}\right]-2\right)-x+5\right)\right.$$

$$\left.\left.\left.\left(x-\frac{1}{2}\left(k-5\left[\frac{k+1}{5}\right]-2\right)^3-\frac{3}{2}\left(k-5\left[\frac{k+1}{5}\right]-2\right)-11\right]\right]^2\right)\right)=0 \quad (|y|\leqslant 12)$$

求出地球的直径

　　古人曾经认为"大地是平的"，即使到了哥伦布穿越大西洋的时代，很多人也相信"大西洋的尽头是一个无底洞"。

　　如今，众所周知，并不存在什么无底洞，地球是一个球体。毕竟，只要观察地平线就可以确认地球是球体了。

　　那么，大家知道地球的直径是多少吗？对于自己所居住的星球，知道它的大小应该不是什么过分的要求吧！

　　不过，地球实在是太大了，我们并不能用尺去直接测量它的大小，这时就轮到数学出马了。让我们借助数学的力量求出地球的直径吧！
※ 我们假设地球是一个理想的球体。

LEVEL ★

方法 1

用烧杯

（@Natootoki）

找一个比地球还大的烧杯。

在里面装满水，然后把地球放进去，测量溢出的水的体积，利用球的体积公式 $V = \frac{4}{3}\pi r^3$ 即可求出直径 $2r$。

这个答案超乎想象了吧！

真这么做的话全世界的城市就都被淹没了，人类一下子就灭亡了。

而且，到哪里去找比地球还大的烧杯啊？就算有这样的烧杯以及相应的重力环境，也可能会因为万有引力的影响而无法准确测量。

当然，这种方法可以用在比地球小很多的东西上。

比如，在浴缸里装满水，然后把整个身体连头都浸没在浴缸里。

这里的重点是，将人体这种形状复杂的物体替换成水，就可以更容易地测出其体积了。

这是因为溢出的水的体积 = 你的体积。

说句题外话，有个很有名的故事说阿基米德就是在泡澡的时候看到溢出的水从而发现了浮力。据说他发现浮力时，一边大喊着"我发现了！我发现了！"，一边光着身子跑了出去。

听一个数学家朋友说，浴室、马桶、被窝等都属于能让大脑感到放松的地方，在这些地方就容易灵感迸发。笛卡儿是早上在被窝里看到停在格子状天花板上的苍蝇而想到坐标的，托马斯·罗延（Thomas

Royen）[1] 也是 2014 年某天在浴室里刷牙时解决了一个悬而未决的问题的。

当你的思路陷入死胡同的时候，与其一直呆坐在书桌前，不妨去泡个澡，说不定就能找到解决问题的突破口。

---

[1]　托马斯·罗延是德国的一位统计学教授，他在 2014 年某一天早上刷牙时突然想到一个证明高斯相关不等式的简单方法，解决了一个困扰数学界多年的难题。由于他并非知名数学家，因此他的成果直到 2017 年才得到数学界的普遍认可。——译者注

LEVEL ★★

方法 2

通过冲击波计算

(@pythagoratos)

制造一场超大的爆炸并计算冲击波绕地球传播一周所经过的时间。根据冲击波传播的速度和测量得到的时间就可以计算出地球的周长，再除以 π 就可以得到直径了。

人类会死光的。

而且，这种方法在数学计算上也会遇到一个问题，那就是在冲击波绕地球传播的过程中，它的传播速度是会衰减的。

如果速度的衰减存在一定的规律，那么也有可能通过多次测量得到一个包含衰减的速度公式。

人类历史上制造的最大规模的爆炸是 1961 年由苏联实施的氢弹爆炸实验，据说其冲击波绕地球转了三圈。

但是，我们还是不要再搞这样的爆炸了吧。

希望数学不要被用于战争，而是用于和平以及让人们感受快乐吧！

方法 **3**

站在灯塔上观测

（@rusa611）

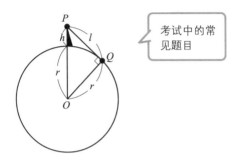

考试中的常
见题目

　　设有一座高度为 h 的灯塔，站在灯塔的顶端 P 能看到的最远地点
为 Q，设 PQ 的长度为 l。高度 h 可通过实际测量得到，PQ 的长度可
以近似为灯塔底部到点 Q 的弧长——让一艘船从灯塔底部出发匀速航
行，测量其航行到看不见为止所花费的时间，就可以求出这段距离。
因为直线 PQ 为圆的切线，所以 PQ 垂直于 QO。

　　于是，三角形 OPQ 为直角三角形，根据勾股定理可得

$$(h+r)^2 = l^2 + r^2$$

　　将实际测量得到的 h 和 l 的值代入上式，就可以用计算机算出地
球的直径 $2r$ 了。

　　反过来说，过去的人正是发现在地面上看不到的船可以爬上灯塔
看到这一事实，才开始思考地球是不是圆的。

LEVEL ★ ★ ★   方法 **4**

挖隧道

（@828sui）

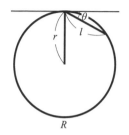

比大江户线①
还深……

在某个地点以任意角度向斜下方沿直线挖掘隧道。假设测得隧道
出口和入口之间的距离为 l，隧道的倾角为 θ。

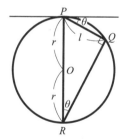

接下来，如上图所示作辅助线，根据弦切角定理②，有 $\angle PRQ = \theta$。

---

① 东京地铁大江户线是东京地下最深的地铁线路，其中六本木车站的一个站
台位于地下 42 米深，是日本地下最深的地铁站。——译者注

② 顶点在圆上，一边与圆相交，另一边与圆相切的角叫作弦切角。弦切角的
大小与该弦所对的圆周角的大小相等。——译者注

又根据圆周角定理 [①]，有 $\angle PQR = \dfrac{\pi}{2}$，因此可得 $2r = \dfrac{l}{\sin\theta}$。将测得的 θ 和 l 代入上式即可求出地球的直径 $2r$。

话说，世界上最深的人工洞穴位于俄罗斯西北部的科拉半岛，其深度约为 12km。

---

① 圆的直径所对的圆周角是直角。——译者注

LEVEL ★★★

方法 **5**

利用平行线的内错角

（@biophysilogy）

据说，世界上最早测量出地球直径的人是 2200 多年前的古希腊数学家**埃拉托色尼**。

他利用的是夏至日的太阳高度角。

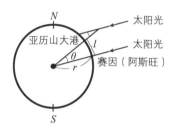

埃拉托色尼知道在夏至日正午，太阳光会照射到赛因一口深井的井底，也就是说，在夏至日正午，太阳位于赛因的正上方。在同一时刻，在位于赛因正北方向 925km 处的亚历山大港立起一根竖直的木棒，通过其投影发现太阳高度角与赛因相差 7.2°。

以上图来看，就是 l 为 925km，θ 为 7.2°。圆的一周为 360°，因此可以通过上述条件计算出地球的周长，知道了周长，也就可以求出直径了。

埃拉托色尼所得到的测量结果（以当时的技术来看）具有相当高的精度，这已经十分令人惊叹了，但更加令人惊叹的是，他在公元前的时代就已经知道地球是圆的了。人类证实地球是圆的要等到麦哲伦完成环球航海之后，而这距离埃拉托色尼计算出地球周长已经过去了 1800 年。

怪不得有人说埃拉托色尼是穿越来的。

方法 **6**

用模型推断

（@Arrow_Dropout）

这种方法是建造一颗与地球非常相似的虚拟星球，然后通过考察这颗星球来求出地球的直径。这种方法在物理学中很常用，称为"建模"。这里所介绍的模型虽然很大胆，其结果却只有不到 3% 的误差。

[**模型**]

在这个模型中，我们假设地球的密度从表面到中心越来越大。

设（虚拟的）地球半径为 R，中心的密度为 ρ_0，表面的密度为 0，密度从表面到中心递增。

在这里，设 ρ_0 为同体积下最重的金属锇的密度 22.59g/cm^3。

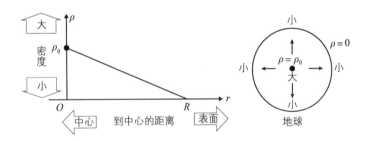

设与地心距离为 r 处的密度为 ρ，如上图所示，其中各个量之间的关系为 $\rho = -\dfrac{\rho_0}{R} r + \rho_0$。

现在我们已经定义了地球各个深度的密度，那么就可以求出地球的质量 M。

我们可以使用积分根据"各个深度的密度"计算出"地球的质量"。

$$M = \int_0^R 4\pi r^2 \cdot \rho \, \mathrm{d}r$$
$$= \int_0^R 4\pi r^2 \cdot \left(-\frac{\rho_0}{R} r + \rho_0 \right) \mathrm{d}r$$
$$= \frac{\rho_0}{3} \pi R^3$$

于是，我们便得出了地球的质量 M 与半径 R 的关系式，其中有两个未知数 M 和 R，只需要另外一个 M 和 R 的关系式，就可以通过联立方程组解出未知数的值了。

这里，我们借用一下**牛顿**和**高斯**的力量。根据万有引力定律和高斯定律可知，$M = \frac{g}{G} R^2$，其中 g 为重力加速度，G 为万有引力常数，$g \approx 9.8\mathrm{m/s}^2$，$G \approx 6.67 \times 10^{-11} \mathrm{m}^3/\mathrm{kg} \cdot \mathrm{s}^2$。

这样我们就凑齐了两个关于 M 和 R 的关系式！

接下来，将两个式子联立，并使用代入消元法消去未知数 M，有

$$(M =) \frac{\rho_0}{3} \pi R^3 = \frac{g}{G} R^2$$

$$R = \frac{3g}{\pi \rho_0 G}$$

$$\approx \frac{3 \times 9.8 \times 10^{11}}{3.14 \times 22.6 \times 10^3 \times 6.67} [\mathrm{m}] \approx 6220 [\mathrm{km}]$$

因此，地球的直径约为 $6220 \times 2 = 12440\mathrm{km}$

如此，我们就利用数学和物理知识，在纸上计算出了地球的直径！

现在我们测量出的地球直径约为 12742km，计算的误差仅为 2.4%。

这是一个大胆、精确、非常有趣的模型。

问题 4

列举违背规律的东西

世界上的大部分科学家相信"世界存在一定的规律，而且世界是遵循这一规律运行的"。发现万有引力的牛顿，一开始关注的也是地球上所有物体都朝地面下落这一规律。即便在现代，我们在学习数学和物理的时候，找规律也是非常重要的方法，甚至说数学就是一门找规律的学问或许也不为过。但与此同时，一些没有规律、令人捉摸不透的东西，自古以来也令人十分着迷，因此成为人们研究的对象。例如，质数的分布就是其中之一，至今依然令全世界的数学家为之倾倒。

对于不遵循某种规律的东西，我们一般称其为该规律的反例。本章就来介绍一些存在反例的规律。

问题 4：列举违背规律的东西

LEVEL ★

方法 1

近似纯位质数

（@ 有名问题）

请逐一观察以下的数：

31	←质数
331	←质数
3331	←质数
33331	←质数
333331	←质数
3333331	←质数
33333331	←质数
333333331	←不是质数

还以为“这样的全都是质数”，结果被骗了吧。

我们再往下看：

3333333331	←不是质数
33333333331	←不是质数
333333333331	←不是质数
3333333333331	←不是质数
33333333333331	←不是质数
333333333333331	←不是质数
3333333333333331	←不是质数
33333333333333331	←不是质数
333333333333333331	←质数

这回正好相反，连续出现一些合数（即存在除 1 及其本身之外的因数的数）之后，突然出现了一个质数。在此之后，要等到 40 位数时才会出现下一个质数：3333333333333333333333333333333333333331。

这样的数称为**近似纯位质数**（near-repeated-digit prime number），也可以简称为 near-repdigit prime。

实际上，关于近似纯位质数还有很多没搞清楚的问题。例如，形如 333...3331 的近似纯位质数的出现规律问题至今（2021 年）尚未解决。

这种神秘的数吸引了很多数学家进行研究，他们使用计算机争相寻找更大的近似纯位质数。近似纯位质数到底有什么用暂且不管……**很多人觉得寻找新的数是一件浪漫的事。**

方法 **2**

循环单位质数

（@ 有名问题）

111	←不是质数
1111	←不是质数
11111	←不是质数
111111	←不是质数
1111111	←不是质数
11111111	←不是质数
111111111	←不是质数
1111111111	←不是质数
11111111111	←不是质数
111111111111	←不是质数
1111111111111	←不是质数
11111111111111	←不是质数
111111111111111	←不是质数
1111111111111111	←不是质数
11111111111111111	←不是质数
111111111111111111	←不是质数
1111111111111111111	←质数

> 不断列举所有数位数字都相同的数……

> 19 个 1

乍一看会以为全都是合数，却突然出现了一个质数。

顺便一提，下一个质数是 23 位的 11111111111111111111111。这种所有数位的数字都是 1 的数称为**循环单位数**（repeated-unit number），也可以简称为 repunit number。既是质数又是循环单位数的数称为循环单位质数。我们不知道循环单位质数是否有无数个，但是可以证明循环单位合数有无数个，并且发现了下面这个有趣的定理。

[**定理**]

选取任意一个不是 2 或 5 的倍数的数 n，它的所有倍数中一定存在循环单位数。

例如：13 的 8547 倍为 $13 \times 8547 = 111111$。

又例如：41 的 271 倍为 $41 \times 271 = 11111$。

[**证明**]

考虑有如下 $n+1$ 个数：1, 11, 111, 1111, 11111, …, 111...111（$n+1$ 个 1）。在这 $n+1$ 个数中，至少存在两个数，它们除以 n 的余数是相同的（鸽巢原理【※1】）。

设这两个数中较大的为 a，较小的为 b，则 $a-b = 111...11100...000 = 111...111 \times 100...000$。

n 一定能整除 $a-b$[①]，但如果 n 不是 2 或 5 的倍数，则一定不能整除 100...000，此时 n 一定能整除 111...111。

也就是说，n 的某个倍数一定是 111...111。

---

① 根据同余的运算性质，两个除以 n 的余数相同的数相减，结果一定是 n 的整数倍。——译者注

【※1】什么是鸽巢原理?

将 $n+1$ 只鸽子放进 n 个鸽巢,则至少会有一个鸽巢里面有 2 只或 2 只以上的鸽子。例如,一间 5 层的商场,电梯里有 6 个人,则至少会有 2 个或 2 个以上的人在同一层下电梯,运用的就是这个原理。

这个原理似乎非常显而易见,却在数学的诸多领域中都有应用。

方法 3

最大公约数

（@ 有名问题）

$n^{17}+9$ 和 $(n+1)^{17}+9$ 的最大公约数是多少？

最大公约数指的是两个或以上的数所共有的约数（公约数）中最大的那个。那么，① $n^{17}+9$ 和 ② $(n+1)^{17}+9$ 的最大公约数是多少呢？

首先代入 $n=1$，得

① $1^{17}+9=1+9=10$

② $(1+1)^{17}+9=131072+9=131081$

10 和 131081 的最大公约数是 1。

然后代入 $n=2$，得①为 131081，②为 129140172，它们的最大公约数也是 1。

接着代入 $n=3, 4, 5, \cdots$，最大公约数都是 1。你肯定以为**接下来无论代入任何数，最大公约数一定都是 1！**然而——

当 $n=8424432925592889329288197322308900672459420460792433$ 时，

最大公约数突然就不是 1 了。

这是通过计算机运算得到的结果，但考虑到之前 842443292559288 89329288197322308900672459420460792432 次的结果都是相同的，**突然出现一个反例带来的冲击还是相当大的吧。**

方法 **4**

x^n-1 的因式分解

（@ 有名问题）

$x^2-1=(x-1)(x+1)$

$x^3-1=(x-1)(x^2+x+1)$

$x^4-1=(x-1)(x+1)(x^2+1)$

$x^5-1=(x-1)(x^4+x^3+x^2+x+1)$

$x^6-1=(x-1)(x+1)(x^2+x+1)(x^2-x+1)$

$x^7-1=(x-1)(x^6+x^5+x^4+x^3+x^2+x+1)$

······

> 系数只有 ±1 和 0！

像这样，你可能会觉得，对 x^n-1 进行因式分解，得到的系数只有 1、–1 和 0。

然而，这一规律在 $n=105$ 时却突然失效了。

$x^{105}-1=$

$(x-1)(x^2+x+1)(x^4+x^3+x^2+x+1)(x^6+x^5+x^4+$
$x^3+x^2+1)(x^8-x^7+x^5-x^4+x^3-x+1)(x^{12}-x^{11}+$
$x^9-x^8+x^6-x^4+x^3-x+1)(x^{24}-x^{23}+x^{19}-x^{18}+x^{17}-$
$x^{16}+x^{14}-x^{13}+x^{12}-x^{11}+x^{10}-x^8+x^7-x^6+x^5-x+1)$
$(x^{48}+x^{47}+x^{46}-x^{43}-x^{42}\underline{-2x^{41}}-x^{40}-x^{39}+x^{36}+x^{35}+$
$x^{34}+x^{33}+x^{32}+x^{31}-x^{28}-x^{26}-x^{24}-x^{22}-x^{20}+x^{17}+x^{16}+$
$x^{15}+x^{14}+x^{13}+x^{12}-x^9-x^8\underline{-2x^7}-x^6-x^5+x^2+x+1)$

为什么在 $n = 105$ 时会突然出现系数 -2 呢？要回答这个问题，我们需要考察一种称为**分圆多项式**的多项式。

这里只介绍简单的结论：当 n 能够以 $n = 2^a \cdot p^b \cdot q^c$（其中 p、q 为两个不相等的质数）的形式进行质因数分解时，对 $x^n - 1$ 的因式分解中，系数只会出现 1、0 和 -1。而 105 是能够分解为 3 个不相等的奇数质数的最小整数：

$$105 = 3 \times 5 \times 7$$

因此当 $n = 105$ 时会出现系数 -2。那么，还会出现哪些其他的系数呢？

有一个定理能够回答这个问题，这个定理称为**铃木定理**。铃木定理保证了"对于所有整数 m，一定存在对应的 n，使得 $x^n - 1$ 的因式分解中出现系数 m"。

或许你可以找一找当出现的系数为你的年龄时，n 应该是多少。

画出心形图像

首先请看这样一个公式：

$$x^2 + (y - \sqrt[3]{x^2})^2 = 1$$

这个公式在英语中称为"The Love Formula"，一般翻译为"爱情公式"。至于为什么叫这个名字，看看它的图像就一目了然了。

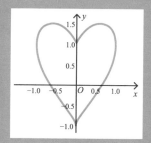

它的图像竟然是条心形的曲线，真是太浪漫了。

本章中，我们请"数学集团"来尝试创作自己的爱情公式，用图像来表达他们的爱。

问题 5：画出心形图像

方法 1

简单爱心

（@ 有名问题）

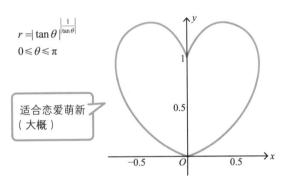

$$r = |\tan\theta|^{\left|\frac{1}{\tan\theta}\right|}$$
$$0 \leqslant \theta \leqslant \pi$$

适合恋爱萌新
（大概）

这是一个只用三角函数（tan）、指数函数和绝对值构成的非常简单的图像。

由多项式、三角函数、指数函数、分式函数等组合而成的函数称为**初等函数**，这些基本都是高中数学所学的内容。如果你是即将参加高考的学生，而且比较擅长数学，那么一定要挑战一下这个题目哦。

此外，和后面要介绍的"跳动爱心"一样，这个函数也使用了**极坐标**的表示方法。下面我们就来简单学习一下极坐标的相关知识吧。

〔 **什么是极坐标?** 〕

极坐标是一种表示平面上的点的方法，它使用到原点的距离 r 和方向 θ 这两个信息来表示一个点。

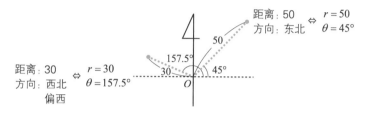

于是，我们就可以用关于 θ 的函数 r 来表示图像。

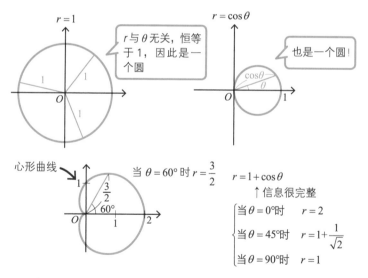

将用极坐标表示的函数转换成平面直角坐标（也就是我们平常用 x 和 y 来表示的那种坐标）可以使用以下关系式：

$$x = r\cos\theta,\ y = r\sin\theta$$

方法 **2**

无限爱心

（@sou08437056）

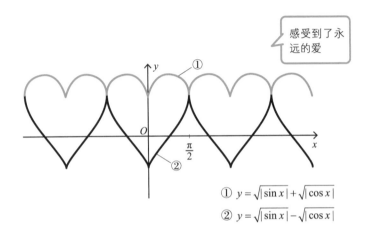

感受到了永远的爱

① $y = \sqrt{|\sin x|} + \sqrt{|\cos x|}$

② $y = \sqrt{|\sin x|} - \sqrt{|\cos x|}$

这个图像由两个式子构成，

上半部分为① $y = \sqrt{|\sin x|} + \sqrt{|\cos x|}$

下半部分为② $y = \sqrt{|\sin x|} - \sqrt{|\cos x|}$

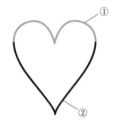

　　这里利用了 sin 和 cos 的周期函数（值以一定周期重复的函数）性质，巧妙地表现了爱心无限循环的样子。

　　此外，这两个式子构成了完美的对仗，这也是一个看点。这种对数学之美的追求，真的很符合"数学集团"的作风！

说句题外话，2012 年信州大学的入学试题中，也出现了一个类似的画图像题目。

对于定义域为 $-\sqrt{5} \leqslant x \leqslant \sqrt{5}$ 的两个函数：

$$f(x) = \sqrt{|x|} + \sqrt{5 - x^2}$$
$$g(x) = \sqrt{|x|} - \sqrt{5 - x^2}$$

回答以下问题。

(1) 分析函数 $f(x)$ 和 $g(x)$ 的单调性，并画出 $y=f(x)$ 和 $y=g(x)$ 的大致图像。

(2) 求出曲线 $y=f(x)$ 和 $y=g(x)$ 所围成的图形的面积。

【2012 年 信州大学】

这道题目（在数学圈子中）非常有名，它不仅体现了信州大学的快乐精神，同时也是一道考查考生微积分计算能力以及对于对称性的理解水平的**好题**。

即将参加高考的读者朋友不妨挑战一下。

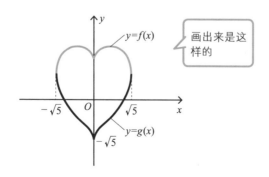

方法 3

红色爱心

(@logyytanFFFg)

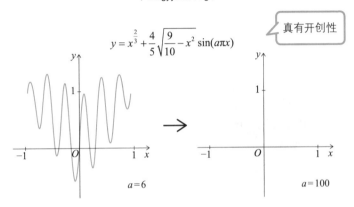

$$y = x^{\frac{2}{3}} + \frac{4}{5}\sqrt{\frac{9}{10} - x^2}\,\sin(a\pi x)$$

真有开创性

$a = 6$

$a = 100$

　　一般来说，要画出实心的图像会使用不等式，但这个方法没有使用不等式，而是用三角函数成功画出了实心的爱心。

这何等优雅。

　　我们可以发现，a 的值越大，波的周期越短，于是便将爱心涂成了实心的。

　　下面我们来简单了解一下这个图像是如何作出来的。

　　首先，用方程① $y = \frac{4}{5}\sqrt{\frac{9}{10} - x^2}$ 来表示椭圆的上半部分，再将其乘以 $\sin(a\pi x)$ 将椭圆内部涂成实心的。

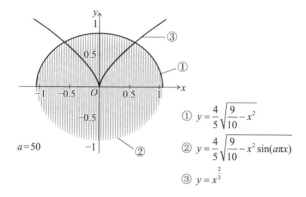

① $y = \dfrac{4}{5}\sqrt{\dfrac{9}{10} - x^2}$

② $y = \dfrac{4}{5}\sqrt{\dfrac{9}{10} - x^2}\sin(a\pi x)$

③ $y = x^{\frac{2}{3}}$

然后加上一个过爱心中心的适当方程 $y = x^{\frac{2}{3}}$，就可以让椭圆的波在 $y = x^{\frac{2}{3}}$ 附近被裹挟变形，最终成为爱心的形状。

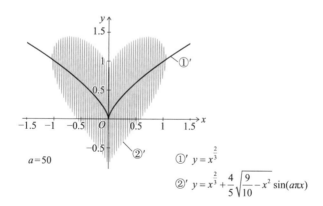

①′ $y = x^{\frac{2}{3}}$

②′ $y = x^{\frac{2}{3}} + \dfrac{4}{5}\sqrt{\dfrac{9}{10} - x^2}\sin(a\pi x)$

利用这一思路，我们可以将各种图像都涂成实心的。

可以说是一个非常有开创性的想法了。

方法 **4**

HEART 爱心

（ @con_malinconia ）

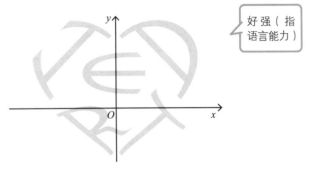

好强（指语言能力）

$$\min\left(\max\left((-7(|x|+y)^3+5(|x|+y)^2+0.8(|x|+y)-0.7)(x-y+1.17),\min\left(\left(2x^2+\left(2y-\sqrt{|x|}\right)^2-1\right)^2-0.01,\right.\right.\right.$$
$$|11|x|+13y-10.7|+|13|x|+11y-10.6|-0.92)\right).\max\left(x+2(y-0.3)^2-0.27,\min\left(\left((x-0.3)^4+4(y-0.3)^2-0.1\right)^2-0.0007.\right.\right.$$
$$|x+16y-4.9|+|x-16y+4.7|-0.7)\right),\max\left(\left(x-2(y-0.2)^2-0.33\right)^2-0.001.|x-0.5|+|y|-0.3\right),$$
$$\max\left(|25x+2|-31y-2\mathrm{floor}(8y)-15,\max\left(\left((x+0.4)^2-(x+0.4)(2y+0.3)+(2y+0.3)^2-0.065\right)^2-0.00025,(\sin(24x-3)-50y-10)^2-1)\right)\right)\leqslant0$$

第一次看到这个答案时，我整个人都受到了冲击。

用 HEART 来组成爱心的想象力，以及将其转化成数学公式的数学力。

这也不是一般的"数学集团"成员做得出来的。

单单是画一个 HEART 的图像的话，应该可以用更简单的式子来实现。

但这位投稿者敢于向更难的图像发起挑战，提高图像的完成度，对于这样的勇气和作风必须致以敬意！

LEVEL ★★★★★

方法 5

跳动爱心

(@CHARTMANq)

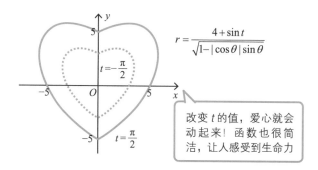

$$r = \frac{4+\sin t}{\sqrt{1-|\cos\theta||\sin\theta|}}$$

改变 t 的值，爱心就会动起来！函数也很简洁，让人感受到生命力

这个函数竟然可以实现通过改变 t 的值让爱心跳动起来！不过在纸面上无法展现出动起来的样子，真的非常遗憾……抱歉，只能请各位读者用想象力来"脑补"一下了。

让我们赶快看看这个跳动爱心的图像是怎样作出来的吧！一共分为 4 步。

[第 1 步：画一个椭圆]

[第 2 步：将其调整成心形]

[第 3 步：转换成极坐标]

[第 4 步：让它跳动起来]

下面来逐一说明。

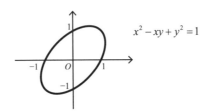

$$x^2 - xy + y^2 = 1$$

首先，画一个这样的椭圆。

怎样把上面的椭圆变成心形呢?

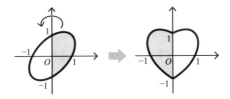

仔细看图，只要将 $x>0$ 的部分翻转到 $x<0$ 的一边就可以变成心形了。也就是说，将 x 加上绝对值，就可以把右边的曲线翻转到左边，从而形成了心形。

对 x 加上绝对值后的图像是这样的。

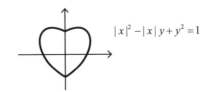

$$|x|^2 - |x| y + y^2 = 1$$

果然变成了一个完美的心形!

[**第3步：转换成极坐标**]

接下来，为了让爱心跳动起来，需要将式子转换成极坐标。下面需要一些略烦琐的计算。关于极坐标的知识我们在方法1中进行了介绍，大家可以翻回去参考一下。

要转换成极坐标，可以使用以下关系式：

$$r^2 = x^2 + y^2, \ x = r\cos\theta, \ y = r\sin\theta$$

将 $|x|^2 - |x|\,y + y^2 = 1$ 改为用 r 和 θ 表示的式子。

$|x|^2 - |x|\,y + y^2 = 1$

　　　　　　　　　）去掉平方部分的绝对值

$x^2 + y^2 - |x|\,y = 1$

　　　　　　　　　）转换成极坐标

$r^2 - |r\cos\theta|\,r\sin\theta = 1$

　　　　　　　　　）因为 $r \geqslant 0$，所以 $|r| = r$

$r^2 - r^2|\cos\theta|\sin\theta = 1$

$r^2(1 - |\cos\theta|\sin\theta) = 1$

$r^2 = \dfrac{1}{1 - |\cos\theta|\sin\theta}$ 　←分母 $\neq 0$

$r = \dfrac{1}{\sqrt{1 - |\cos\theta|\sin\theta}}$ 　←开方

这样就将爱心的函数转换成了极坐标的形式！

由于 r 表示到原点的距离，因此改变 r 的值就能让爱心的大小发生变化，即

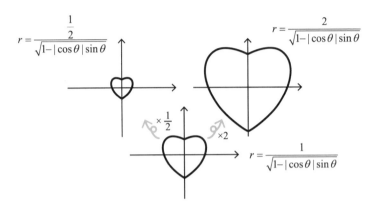

$$r = \frac{\frac{1}{2}}{\sqrt{1-|\cos\theta|\sin\theta}}$$

$$r = \frac{2}{\sqrt{1-|\cos\theta|\sin\theta}}$$

$$r = \frac{1}{\sqrt{1-|\cos\theta|\sin\theta}}$$

像这样，将 r 的右边乘以 2 爱心就会变大，乘以 $\frac{1}{2}$ 爱心就会变小。只要让乘数重复地变大变小，就可以形成连续跳动的爱心图像了。

这里可以利用周期函数，即三角函数 $\sin t$。在式子右边乘以 $\sin t$，然后让 t 从 0 到 π 变化……

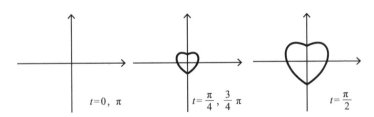

$t=0$，π　　　　$t=\frac{\pi}{4}$，$\frac{3}{4}\pi$　　　　$t=\frac{\pi}{2}$

跳动的爱心图像就完成了！

此外，在这个作品中，投稿者为了避免爱心在 $t=0$ 时消失，还特地在式子右边的分子上加了一个 4，真是细心啊！

列举答案为 1 的问题

　　想必大家都有类似的经历：一道很困难很烦琐的题目，一步步解出来之后得到的最终答案竟然非常简单……

　　解出正确答案之后的那种畅快感真的令人欲罢不能。

　　这次我们收集了很多答案为 1 的问题。

　　请大家抽丝剥茧，一起来享受解题的畅快感吧。

问题 6：列举答案为 1 的问题

LEVEL ★

方法 1

现在是第几题？

（@heliac_arc）

显然是第 1 题吧。

LEVEL ★

方法 2

这个问题的答案有几个？

（@card_board1909）

不是 1 的话就矛盾了吧。

这两道题的答案应该不需要讲解吧！

LEVEL ★★★

方法 3

想一个你喜欢的数

（@iklcun）

请在心里想一个自己喜欢的数。

将这个数加 4，然后翻倍。

接着将结果减 6，除以 2 之后再减去一开始想的那个数。

结果是 1，对吧？

如果你想的那个数是虚数单位 i，大概会觉得这是理所当然的吧。

方法 **4**

求出五角星的面积

（@potetoichiro）

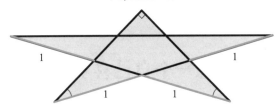

一闪一闪亮晶晶，满天都是小星星，请尝试求出这颗五角星的面积吧。除了一个直角，图形中没有给出任何角度，但依然可以求得面积为 1，是不是很神奇呢?

[解法]

先逐步进行等积变形。

①

②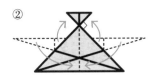

③

④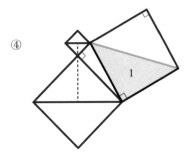

最后使用勾股定理即可。

方法 **5**

画出以下不等式表示的区域

(@CHARTMANq)

$$\min\left(\max(10\,|x|,\ |y|)-1,\right.$$

$$\left.\max\left(|7x-10y+10|-\frac{17}{40},\left|x+\frac{3}{8}\right| \right)-\frac{11}{40} \right)\leqslant 0$$

min(a, b) 表示取 a, b 中较小的值。

max(a, b) 表示取 a, b 中较大的值。

当 $a=b$ 时，min(a, b)=max(a, b)=a=b。

画图问题？那答案怎么可能是 1 呢？

乍一看，大家可能会这样想，但这道题的答案竟然是⋯⋯

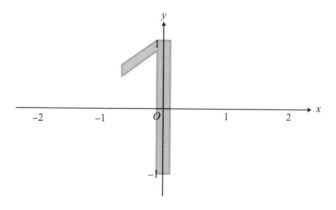

没错，就是 1。

竟然是用图像来画出一个 1，震惊！

为了能表现出是数字 1，还特地在上面加了个小尾巴，这必须加分。

方法 **6**

斐波那契数列中第 10^{100} 项与第 $10^{100}+1$ 项的最大公约数是？

(@constant_pi)

　　斐波那契数列是形如 1, 1, 2, 3, 5, 8, 13, 21, …的数列，其中第 1 项和第 2 项都是 1，第 3 项及后面的项都是前面两项之和。

　　设数列的第 n 项为 F_n，则可以表示为 $F_1=1$，$F_2=1$，$F_{n+2}=F_n+F_{n+1}$。

　　这道题的答案是 1，就意味着它们的最大公约数是 1，也就是说，我们只要能证明这两个数互质就可以了。下面用数学归纳法证明一下。

[证明]

　　设斐波那契数列的第 n 项为 F_n。

　　用数学归纳法证明 F_n 和 F_{n+1} 互质。

　　(i) 当 $n=1$ 时，1 和 1 互质。

　　(ii) 当 $n=k$ 时，假设 F_k 和 F_{k+1} 互质，并假设 F_{k+1} 和 F_{k+2} 有大于 1 的公约数。此时，因为 $F_k=F_{k+2}-F_{k+1}$，所以该公约数也是 F_k 的约数，即 F_k 和 F_{k+1} 有该公约数。这与 F_k 和 F_{k+1} 互质的假设矛盾，因此 F_{k+1} 和 F_{k+2} 也是互质的。

　　因此，$F_{10^{100}}$ 和 $F_{10^{100}+1}$ 的最大公约数为 1。

LEVEL ★★★★★

方法 **7**

求出斐波那契数的级数

(@apu_yokai)

求解以下级数:

$$\sum_{k=1}^{\infty} \frac{\varphi}{\sqrt{5}F_{2^k}}$$

其中 φ 为黄金分割数,即 $\varphi = \dfrac{1+\sqrt{5}}{2}$。

这里的 F_n 就是在方法 6 中出现过的斐波那契数列。这道题的答案竟然是 1,真是难以置信。其实,这是称为 **Millin 级数**的一种很小众的级数的变形。

[**Millin 级数**]

$$\sum_{k=0}^{\infty} \frac{1}{F_{2^k}} = \frac{7-\sqrt{5}}{2}$$

Millin 级数可以在高中数学的范围内进行证明,证明过程中出现了很多包含黄金分割数 φ 和斐波那契数列的优美等式,有兴趣的朋友一定要去研究一下!

说句题外话,Millin 级数的发现者其实并不是叫 Millin,而是叫 Miller。但不知道为什么,这个错误的名字被广泛传播,他本人也觉得很有趣,因此就定下了这个名字。

真是一位豁达的数学家。

方法 **8**

欧拉恒等式

（@ 莱昂哈德·欧拉）

$$-e^{i\pi} = 1$$

> 因为太喜欢就
> 加进来了♡

这是有数学界两大巨匠之一之称的莱昂哈德·欧拉所发现的等式，也可以写成

$$e^{i\pi} + 1 = 0$$

这个等式称为欧拉恒等式，也被誉为**最美数学公式**。

这个等式非常简单，为什么会被誉为"最美"呢？这是因为欧拉恒等式让原本在不同领域中独立发展出来的概念齐聚一堂。下面我们来看一看这个式子包含的几个字母。

- e：自然常数。e = 2.71828... 是一个无理数。由于 e^x 的导数还是它本身，因此在使用微积分进行数学分析的领域中是一个非常重要的常数。
- π：圆周率。π = 3.14159... 是一个无理数。它表示圆周长与直径的比值，是几何学中一个非常重要的常数。
- i：虚数单位，它的平方等于 −1。它在解方程的代数学中是一个非常重要的数。

在欧拉恒等式中，集合了 e = 2.71828... 和 π = 3.14159... 这两个无理数，再加上虚数单位 i，一起构成了一个 $-e^{i\pi} = 1$ 的简单整数结果，从这一点来看自然是非常优美的。

但是真正的重点在于，欧拉将数学分析、几何学和代数学这些不同领域中非常重要的概念 e、π 和 i 引入了同一个公式。不同领域中发展出来的数，其实本质上是相通的，堪称**数学史上一次绝妙的伏笔回收**。

其实不仅是字母，式子中出现的数也很有意思。

1：在乘法中，任意数与之相乘后结果不变
0：在加法中，任意数与之相加后结果不变

它们在代数学中也是特别的数。所有这些，都在一个式子中齐聚一堂。这就是欧拉恒等式被誉为最美数学公式的原因。

话说，欧拉由于天才出众，被评价为"欧拉进行计算，就像人在呼吸、鸟在空中飞翔一般"。除了这里介绍的欧拉恒等式之外，欧拉还留下了非常多的功绩，有兴趣的朋友请自己去查一查吧。

羊角螺线

在剥橘子时，如果从凸起的地方螺旋状一圈一圈剥下来，就可以剥出像积分符号 $\int$ 一样的橘子皮。其实，这样的形状是一种称为羊角螺线的曲线。羊角螺线具有曲率（弯曲程度）以一定比例变化的性质。

举一个身边的例子——匀速行驶的汽车。如果匀速转动方向盘，那么汽车的行驶轨迹就是羊角螺线。相对地，如果将方向盘固定在某个角度，那么（匀速状态下）汽车的行驶轨迹就是一个圆。

由于这样的特性，羊角螺线常被运用在道路设计中。例如，直线到转弯连接部分的道路如果是曲率一定的圆弧，就会迫使驾驶员急打方向盘。为了解决这个问题，会在直线和圆弧之间加入一段羊角螺线。这样一来，驾驶员在转弯时就不用急打方向盘了。

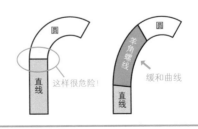

三等分角

三等分角是一个古老的问题，也是古希腊三大作图问题之一。

【古希腊三大作图问题】

使用尺规作图，

1. 画出和圆面积相同的正方形（化圆为方）

2. 画出体积为指定立方体两倍的立方体（立方倍积）

3. 三等分任意角（三等分角）

实际上，这三大问题都已经被证明是不可能的，也就是说，人们已经证明了"只用直尺和圆规是不能完成作图的"。那么，如果不仅限于使用直尺和圆规呢？这次我们就来使用新的工具尝试完成三等分角。

※ "使用尺规作图"的定义是只能进行"①用没有刻度的直尺画直线""②用圆规画圆"这两种操作，且只能进行有限次。

方法 1

利用折纸

（@ 有名问题）

其实，无须使用尺规、量角器等工具，仅通过"折纸"就可以三等分从 0° 到 90° 的任意角。

步骤如下。首先准备一张正方形的纸。

① 折出一个任意的角。

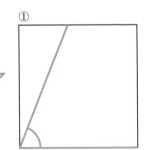

机会难得，动手试试看吧！

② 按任意相同间隔折叠两次，折出两条等长的折痕。将纸上得到的点分别标为 $A \sim F$，并设第一条折痕为 CP。

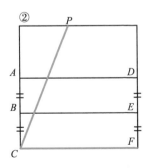

③ 翻折顶点 C，使点 A 落在 CP 上，且点 C 落在 BE 上。在点 A、B、C 翻折后的位置标上 A'、B'、C'。

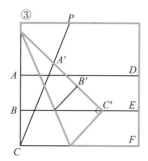

④ 折叠使点 A' 与点 C' 重合，并使折痕通过点 C。

⑤ CB'、CC' 即为最初那个角的三等分线。

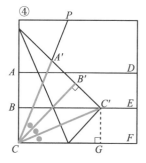

要证明这种方法也很简单。过点 C' 作 CF 的垂线，设垂足为点 G，可证明△$A'B'C$、△$C'B'C$ 和△$C'GC$ 全等。因此，∠$A'CB'$ = ∠$C'CB'$ = ∠$C'CG$，即证得三等分角。

方法 **2**

利用战斧

（@opus_118_2）

战斧（tomahawk）是北美洲原住民使用的一种斧子，既可以用于投掷作战，也可以用于日常工作。我们可以用类似这种战斧的图形来三等分角。

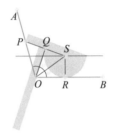

如上图所示，对于要三等分的角∠AOB，令战斧手柄的下沿通过点O，且使得战斧尖端部分的点P和半圆上的点R各自落在直线OA和OB上，于是直线OQ和OS就是角的三等分线。

这个战斧图形是一种专门为三等分角而设计出来的特殊形状，大体上可以分为三部分：

① 直线部分OQ

② 过点Q垂直于直线OQ的直线部分PS

③ 圆心为S、半径为SQ的半圆部分

若在设计时确保PQ=QS，则在半圆上任取一点R，都满足PQ=SQ=SR这一重要性质。手柄部分具有宽度是为了拿起来比较方便。

直觉敏锐的朋友大概已经发现了，将战斧按图中所示的样子摆放，就有△*OPQ* ≌ △*OSQ* ≌ △*OSR*，这就是能作出角的三等分线的理由。

我们来验证一下△*OPQ* ≌ △*OSQ* ≌ △*OSR*。

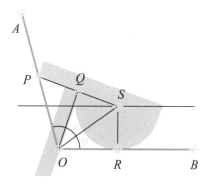

首先，战斧的形状和摆放确实满足 *PQ=SQ=SR*。

直线 *OQ* 和 *OR* 都是过 *O* 点的圆的切线，根据圆的性质可知，两条切线分别与过切点的半径 *SQ*、*SR* 互相垂直，再加上公共边，可以得出△*OPQ*、△*OSQ*、△*OSR* 为三边长度都对应相等的直角三角形，即证得△*OPQ* ≌ △*OSQ* ≌ △*OSR*。

由此可推出∠*POQ*=∠*SOQ*=∠*SOR*，即证得直线 *OQ* 和 *OS* 为∠*AOB* 的三等分线。

这真是一个三等分角的高效方法！

方法 3

利用特殊的量角器

（ @MarimoYoukan03 ）

首先看这张图。

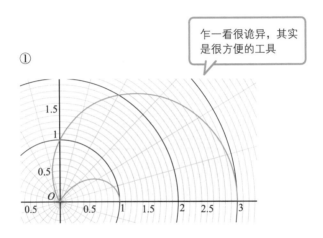

> 乍一看很诡异，其实是很方便的工具

①

这可不是普通的曲线。

其实，它是一种为三等分角特别设计的特殊量角器。

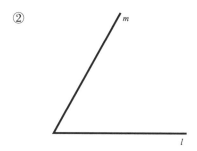

假设现在要将这个由直线 l 和直线 m 构成的角三等分。首先，将特殊量角器与直线 l 对齐，使角的顶点与量角器的 A 点重合。

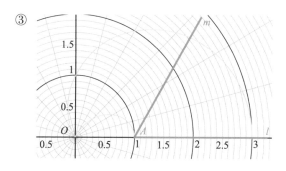

接下来，过直线 m 与量角器的交点 B 向位于量角器一端的点 O 作直线。于是，$\angle ABO$ 就是原角的三等分角！

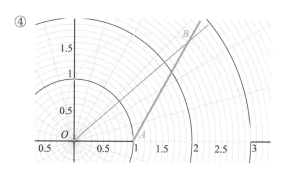

然后只要过点 A 作直线 BO 的平行线，就得到了原角的三等分线。

⑤

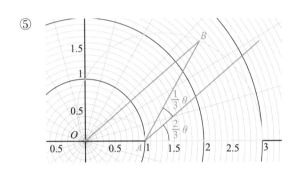

为什么用这个方法能画出三等分线呢?

秘密就在于特殊量角器的形状。

其实，这个量角器是极坐标下的曲线 $r = 1 + 2\cos\theta$。关于极坐标，我们在"问题 5：画出心形图像"中介绍过了，忘记了的朋友请翻回去看一看。

$r = 1 + 2\cos\theta$ 的图像如下所示。

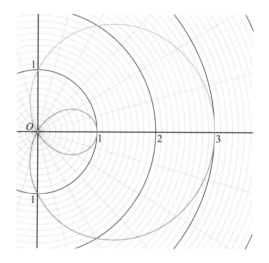

这个图像有点像 NTT 的商标 [1]，这种曲线称为**帕斯卡蜗线**【※1】。虽然名字里有个蜗牛的蜗字，但看来也不太像蜗牛啊……

【※1】形如 $r = a\cos\theta + b$ 的曲线称为帕斯卡蜗线。

接下来按下图作辅助线。

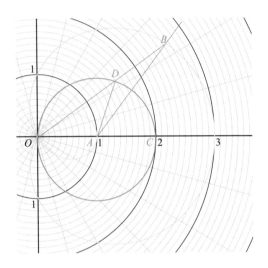

将 $r = 1 + 2\cos\theta$ 转换成用 x、y 表示的平面直角坐标，可得

$$\begin{cases} x = r\cos\theta = \cos\theta + 2\cos^2\theta = \cos\theta + \cos 2\theta + 1 \\ y = r\sin\theta = \sin\theta + 2\sin\theta\cos\theta = \sin\theta + \sin 2\theta \end{cases}$$

它表示将圆心为 $(1, 0)$、半径为 1 的圆上的一点（例如这里的 D）

$$\begin{cases} x = \cos 2\theta + 1 \\ y = \sin 2\theta \end{cases}$$

（向 $\overrightarrow{OD}$ 的方向）再延长 1 个单位所得到的点（例如这里的 B）。

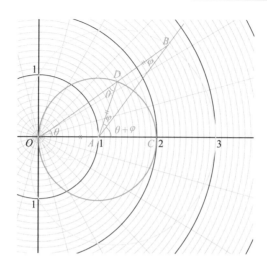

于是，因为 $AD=AO$，所以 $\triangle AOD$ 是等腰三角形，又因为 $DA=DB$，所以 $\triangle DAB$ 也是等腰三角形。

设 $\angle AOD = \angle ADO = \theta$，$\angle DBA = \angle DAB = \varphi$，则

由 $\triangle AOB$ 的外角可得：$\angle BAC = \theta + \varphi$ ①

由 $\triangle DAB$ 的外角可得：$\varphi + \varphi = \theta$ ②

由②可得：$\theta = 2\varphi$

由①可得：$\angle BAC = 2\varphi + \varphi = 3\varphi$

由此证得 φ 为 $\angle BAC$ 的三等分角。

利用专用图像

(@yasuyuki2011h)

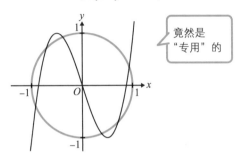

竟然是
"专用"的

这个图像是由

· $y = 4x^3 - 3x$

· $x^2 + y^2 = 1$（单位圆）

所构成的。

按照下面的步骤，就可以实现三等分角。

① 任意画一条过原点的直线，作出任意角 α。过直线与圆的交点作 x 轴的垂线，与 x 轴交于点 H，此时有 $OH = \cos \alpha$。以原点为圆心，以 $\cos \alpha$ 为半径画圆。

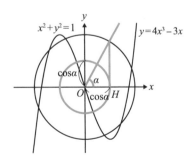

② 在①作出的圆上，作与 x 轴平行的切线（$y>0$ 的那一条切线）。

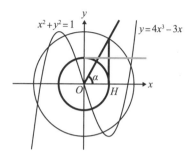

③ 过②作出的切线与 $y=4x^3-3x$ 的交点作 y 轴的平行线。

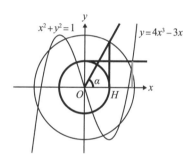

④ 连接原点和③作出的直线与 $x^2+y^2=1$ 的交点，即得到角的三等分线。

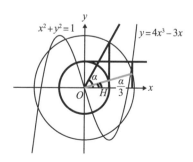

那么，为什么这样能得到三等分线呢？已知 $\cos\alpha$，目标是求 $\cos\dfrac{\alpha}{3}$。

这里利用了下面的三倍角余弦公式：

$$\cos\alpha = 4\cos^3\frac{\alpha}{3} - 3\cos\frac{\alpha}{3}$$

实际上，刚才这一连串步骤，就是在图上求解上述方程的算法。

[**方程的求解过程**]

下面讲讲每一步分别计算了什么。

① 测出 $\cos\alpha$ 的长度。

② 作出 $y = \cos\alpha$。

③ 测出 $y = \cos\alpha$ 与 $y = 4x^3 - 3x$ 的交点的 x 坐标。

  根据三倍角公式，在 $x > 0$ 的范围内，$y = \cos\alpha$ 与 $y = 4x^3 - 3x$ 的交点的 x 坐标就相当于 $\cos\dfrac{\alpha}{3}$。

④ $x = \cos\dfrac{\alpha}{3}$ 与 $x^2 + y^2 = 1$ 的交点坐标为 $\left(\cos\dfrac{\alpha}{3},\ \sin\dfrac{\alpha}{3}\right)$，因此连接原点和这个交点，就得到了角的三等分线。

问题 8

用大定理证明一些无聊的命题

　　世界上有一些通过伟大数学家的不懈努力得到证明的"大定理"。我们现在之所以能像这样感受数学的乐趣，也得益于过去的数学家们不断积累的伟大发现。

　　关于这一点，科学家兼数学家牛顿在给科学家罗伯特·胡克的信中曾这样写道："如果说我看得比别人更远些，那是因为我站在巨人的肩膀上。"

　　在本章中，我们要用过去的数学家们所发现的一些伟大定理，去证明一些无聊的命题。即便你再渺小，也不要害怕站在巨人的肩膀上！

方法1

使用四色定理

(@toku51n)

根据四色定理，包含 4 个区域的地图只需要 4 种颜色就可以完成涂色。

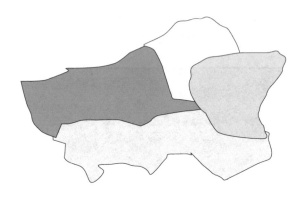

四色定理是指"在给平面地图涂色时，若要满足相邻区域必须涂上不同颜色的要求，只要使用 4 种颜色就够了"。那么，根据四色定理可知，只要用 4 种颜色就可以对包含 4 个区域的地图完成涂色了！

话说，给包含 4 个区域的地图涂色只需要 3 种颜色就够了吧。

关于四色定理，再多说几句。

四色定理最早是在 1852 年作为四色问题提出的。当时，伦敦一个名叫弗朗西斯·格斯里的学生在给地图涂色时发现只要用 4 种颜色就够了，于是将这件事告诉了他的弟弟弗雷德里克·格斯里。

弗雷德里克·格斯里意识到这个问题在数学上的重要性，于是向著名数学家德摩根请教，但德摩根未能给出证明。于是，这个问题迅速走红，很多数学家向它发起了挑战，但从提出问题到最终证明，花费了 100 多年的时间。

更令人惊讶的是证明的方法。最早提出的证明方法是将地图区域的排列方式分为大约 1400 种，然后用计算机对所有这些情况分别尝试能否用 4 种颜色进行涂色。这是一种非常简单粗暴的方法。

人们意识到，用当时的计算机完成这样的计算需要花费超过 10 年的时间，但后来随着程序和算法的改良，四色定理的证明终于得到了认可。四色定理在现实中有很多应用，例如在布置移动电话基站时确保相邻基站的频率不冲突。

这样的大定理却用来证明"给包含 4 个区域的地图涂色用 4 种颜色就够了"这种废话，这其中的落差还真是有趣。

以前应该没人如此糟蹋过四色定理吧？肯定没有。

使用费马大定理

（@ 有名问题）

设 n 为大于等于 3 的正整数，假设 $2^{\frac{1}{n}}$ 为有理数，则其可用正整数 p、q 表示为以下形式：

$$2^{\frac{1}{n}} = \frac{q}{p}$$

$$2 = \frac{q^n}{p^n}$$

$$2p^n = q^n$$

$$p^n + p^n = q^n$$

根据费马大定理，不存在满足上述条件的正整数 p 和 q，由此产生了矛盾。由反证法可证得 $2^{\frac{1}{n}}$ 为无理数。

这好像是打败了魔王之后，再回到新手村砍史莱姆的那种快感。

费马大定理是指，当 $n \geq 3$ 时，"不存在满足 $a^n + b^n = c^n$ 的正整数组 (a, b, c, n)"，这是在数学界非常有名的一个定理。

在上面的证明中，(p, p, q) 就相当于费马大定理中的 (a, b, c)。

当初费马发现这个定理时，曾在书页一角写道：**"我确信已发现了一种美妙的证法，但这里空白太小写不下。"**但他在有生之年并未给出这一定理的证明。没有人知道费马当初到底有没有想出这一定理的证法，但此后很多数学家相继尝试证明，终于在 300 多年后的 1995 年，由安德鲁·怀尔斯完成了对该定理的证明。

用写在页角的一句话，就"耍了"后世数学家们 300 多年，真是可怕，但也令人着迷。

费马应该怎么也想不到，自己发现的大定理会被用来证明如此无聊的命题。

话说，用同样的方法并不能证明 $3^{\frac{1}{n}}$ 是无理数。

因为满足 $a^n + b^n + c^n = d^n$ 的正整数组是存在的，比如：

$$1^3 + 6^3 + 8^3 = 9^3$$

等等。

使用费马小定理

（@nekomiyanono）

根据费马小定理，有

$$3^{2-1} \equiv 1(\bmod 2)$$

因此 3 是奇数。

为了证明 3 是奇数，竟然要借助鬼才费马的力量，如此大费周章，我看得差点笑喷了。**在教室或者地铁里看书的各位朋友可要当心了。**

下面我们就来好好看看这个证明。首先讲一讲费马小定理吧。

[**费马小定理**]

若 p 是质数，且整数 a 不是 p 的倍数，则有

$$a^{p-1} \equiv 1(\bmod p)$$

当 $p=2$ 时，若 a 不是 2 的倍数，则 $a^{2-1} = a \equiv 1(\bmod 2)$ 成立。3 不是 2 的倍数，因此当 $a=3$ 时，有 $3 \equiv 1(\bmod 2)$，即 3 是奇数。

咦？不对啊……

再仔细看看这个证明：要证明"3 是奇数"，前提却是"3 不是 2 的倍数"。这样证明"3 是奇数"是不恰当的，落入了**循环论证**的陷阱。

循环论证是指在证明某个命题时，却以该命题作为证明的前提。数学是一种逻辑体系，循环论证的证明是不会被认可的。

证明 3 是奇数竟然失败了，太可惜了……

但是，使用费马小定理证明 3 是奇数的想法十分优秀。

理由就是，这个想法很棒！（这也是循环论证。）

方法 **4**

使用布雷特施奈德公式

(@fukashi_math)

根据布雷特施奈德公式，边长为 1 的正方形的面积 S 为

$$S = \sqrt{(t-1)(t-1)(t-1)(t-1) - 1 \times 1 \times 1 \times 1 \times \cos^2\left(\frac{180°}{2}\right)}$$

其中 $t = \dfrac{1+1+1+1}{2} = 2$，因此 $S=1$。

布雷特施奈德公式是求任意四边形面积的公式，只要知道四边的边长 a, b, c, d，以及一组对角之和 θ，设半周长 $t = \dfrac{a+b+c+d}{2}$，则有

$$S = \sqrt{(t-a)(t-b)(t-c)(t-d) - abcd\,\cos^2\left(\frac{\theta}{2}\right)}$$

要用这个公式求边长为 1 的正方形的面积，只要令 $a=b=c=d=1$，$\theta=180°$ 即可。

哎呀，这不是脱裤子放屁吗？

不过，把简单的数代入公式验证是否成立，其实也是一项重要的工作。

问题 9

求出圆周率

圆周率的定义是"圆周长与直径的比值"。也就是直径为 1 的圆的周长。众所周知，圆周率的值为 3.14159… 这样一个无限不循环小数。我们一般用希腊字母 π 来表示圆周率。

对于这样一个无限不循环小数，全世界都在争相计算更多的位数。目前知名的吉尼斯世界纪录是由谷歌在 2019 年 3 月 14 日创下的，计算到了 31 兆 4159 亿 2653 万 5897 位。看了这个数字你发现什么了吗？

没错，

3 月 14 日：圆周率日

31 兆 4159 亿 2653 万 5897 位：圆周率 π=3.1415926535897…

玩这种梗还真符合谷歌的作风。

谷歌是使用计算机将圆周率计算到 31 兆位以上的，但你知道是怎么算的吗？我们向"数学集团"征集了一些圆周率的计算方法。

LEVEL ★★

方法 1

用多边形估算

(@ 阿基米德)

东京大学的入学
考试中出现过

作直径为 1 的圆的内接、外切正多边形，上图中以正六边形为例。

设内接正多边形的周长为 L，外切正多边形的周长为 M，圆的周长为 π，则有

$$L < \pi < M$$

于是，可以用 L 和 M 对 π 进行夹逼。

以正六边形为例，求出 L 和 M 的值，可得

$$3 < \pi < 3.4641...$$

由此可知，π 应大于 3 小于 3.4641...。

通过增加正多边形的边数，就可以逐步逼近 π 的值。

阿基米德曾依次计算了正六边形、正十二边形、正二十四边形、正四十八边形、正九十六边形，最终求出

$$3 + \frac{10}{71} < \pi < 3 + \frac{1}{7}$$

那时的人们还没有发明小数，若转换成小数，就是

$$3.1408450704225352... < \pi < 3.1428571428571428...$$

这是人类历史上首次求出圆周率小数点后第 2 位的准确值。

布丰投针问题

(@ 布丰)

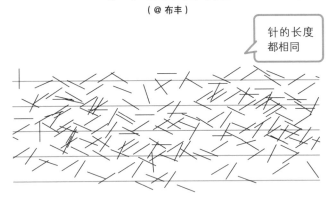

针的长度都相同

假设在平面上以均等间隔 d 作平行线，向平面上随意投下若干根长度为 l 的针（其中 $l<d$），则针与平行线相交的概率为

$$\frac{与平行线相交的针数}{投下的针数} \approx \frac{2l}{\pi d}$$

这称为**布丰投针问题**【※1】，是一个与 π 相关的著名概率问题。这个问题有点难，其推导过程如下。

设投下的针的中心与距离最近的平行线之间的距离为 y，针与平行线的夹角为 θ。

y、θ 满足 $0 \leqslant y \leqslant \dfrac{d}{2}$、$0 \leqslant \theta \leqslant \dfrac{\pi}{2}$。

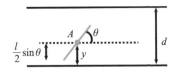

于是，当针与平行线相交时，有

$$y \le \frac{l}{2}\sin\theta$$

当随意投下针时，y、θ 可取满足 $0 \le y \le \frac{d}{2}$、$0 \le \theta \le \frac{\pi}{2}$ 的任意实数。在这里，只要求出 $y \le \frac{l}{2}\sin\theta$ 的概率，就能得到问题的答案了。

将问题换一个形式，就是问在右图中长方形内任取一点 (θ, y)，该点位于 $y \le \frac{l}{2}\sin\theta$ 以下的概率是多少。

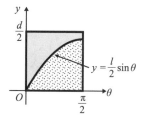

求解过程如下：

$$\frac{\text{斑点部分的面积}}{\text{长方形的面积}} = \frac{\int_0^{\frac{\pi}{2}} \frac{l}{2}\sin\theta\,\mathrm{d}\theta}{\frac{d}{2} \times \frac{\pi}{2}} = \frac{2l}{\pi d}$$

【※1】布丰投针问题也是后面所介绍的"发生概率为无理数的现象"之一。

111

方法 3

碰撞法

（@ 加尔贝林）

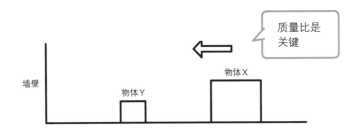

质量比是
关键

墙壁

物体 Y

物体 X

准备两个物体 X 和 Y，一面墙壁，以及一个确保动能守恒的房间。

神奇的是，这样就可以求出圆周率了。

让物体 X 撞向物体 Y。物体 Y 会获得物体 X 的动能并朝墙壁运动。当 Y 撞上墙壁后，会反弹并撞上 X，然后反弹再撞上墙壁，周而复始。在这里，我们关注的是 Y 与 X 以及 Y 与墙壁碰撞的总次数。

假设碰撞为理想的弹性碰撞（碰撞时不损失动能），并忽略地面的摩擦力和空气阻力。

若物体 X 和物体 Y 的质量比为 1：1，也就是两个物体的质量相等，则碰撞过程如下。

[① X 朝 Y 运动]

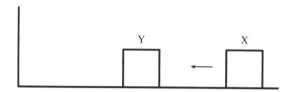

[② X 与 Y 碰撞，X 静止，Y 开始运动]

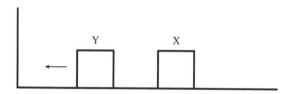

[③ Y 撞上墙壁反弹]

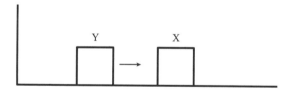

[④ Y 与 X 碰撞，Y 静止，X 开始运动]

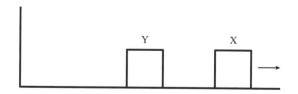

由此可见，当质量比为 1∶1 时，Y 与 X 以及 Y 与墙壁的碰撞次数总计为 3。

当改变两个物体的质量比时，就会出现非常有趣的结果。

物体 X 与 Y 的质量比	Y 的碰撞次数
1	3
100	31
10000	314
1000000	3141

你发现了吗?

没错！当质量比为 100^n（n 为大于等于 0 的整数）时，碰撞次数就是圆周率的前 $n+1$ 位数。

也就是说，质量比每增大到之前的 100 倍，就可以多算出圆周率的一位数。

LEVEL ★★★★

方法 4

收敛于圆周率的级数

（@ 数学家们）

在长期的数学研究中，数学家们发现了一些有一定规律的无穷数列，它们的和（级数）或积能够收敛于与圆周率相关的值。这里介绍其中的一部分。

[莱布尼茨级数]

$$\frac{\pi}{4} = \frac{1}{1} - \frac{1}{3} + \frac{1}{5} - \frac{1}{7} + \frac{1}{9} - \cdots$$

[巴塞尔问题]

$$\frac{\pi^2}{6} = \frac{1}{1^2} + \frac{1}{2^2} + \frac{1}{3^2} + \frac{1}{4^2} + \frac{1}{5^2} + \cdots$$

[韦达公式（无穷积）]

$$\frac{2}{\pi} = \frac{\sqrt{2}}{2} \cdot \frac{\sqrt{2+\sqrt{2}}}{2} \cdot \frac{\sqrt{2+\sqrt{2+\sqrt{2}}}}{2} \cdots$$

[拉马努金圆周率公式]

$$\frac{1}{\pi} = \frac{2\sqrt{2}}{99^2} \sum_{n=0}^{\infty} \frac{(4n)!}{n!^4} \cdot \frac{26390n + 1103}{396^{4n}}$$

拉马努金这个看起来厉害很多啊

圆周率一般用到第几位?

圆周率 3.141592... 是一个无限不循环小数,在实际生活中一般会用到第几位呢? 下面就介绍几个例子。

[制作戒指的工坊: 小数点后第 2 位]

计算戒指尺寸时,一般将圆周率近似为 3.14。此外,圆周率 π 是一个"除不尽的数",因此**被认为在成就因缘上是一个吉利的数**。[①] 在日本,据说有很多人在每年 3 月 14 日"圆周率日"登记结婚,或是在戒指上镶上一枚 0.314 克拉的钻石,真是非常浪漫。

[小学学习的圆周率: 小数点后第 2 位]

有一则谣言称,在日本的"宽松教育"时期[②],小学里将"**圆周率按 3 进行教学**"。这一说法广为流传,引发了热议,但实际上在学习指导要领[③]中一直明确记载着"圆周率按 3.14 进

---

① 日语中的"除尽"也有"切割"的意思,因此除不尽就代表两个人不可分割。——译者注

② 宽松教育是指日本从 20 世纪 80 年代到 21 世纪 10 年代初实施的教育方针,主要方针为减少学习内容、缩短学习时长、减轻学生学习负担等。
　　　　　　　　　　　　　　　　　　　　　　　　　　——译者注

③ 学习指导要领是由日本文部省颁布的国家层面的中小学教学大纲,类似于我国教育部颁布的中小学课程标准。——译者注

行教学"。

如果将圆周率近似为 3，那就意味着圆的周长与其内接正六边形的周长相等了！

[**田径跑道：小数点后第 4 位**]

日本田径竞技联盟的认证训练场地标准规定"圆周率取 3.1416"。如果圆周率只取 3，那么周长 400m 的跑道，其实际距离会多出 10m 以上。

问题10

列举发生概率为无理数的现象

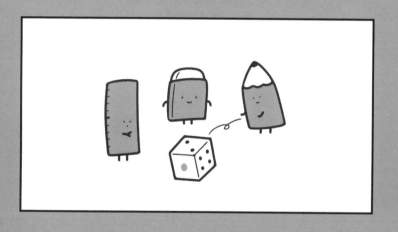

概率这个数学分支，据说是从研究用骰子进行的赌博活动开始的。读者朋友之中，也一定有很多人一听到"概率问题"就马上联想到骰子。

对于掷若干次骰子的问题，理论上说，只要将所有排列组合都写出来并进行统计，就可以求出概率。在这类问题中，概率就是（某个现象发生的情况数）÷（全部情况数），也就是整数÷整数，结果都是有理数。

那么，对于无法写出全部情况数，也就是概率是无理数的问题，又该怎么办呢？这次我们就征集了这类问题。读完本章，你一定不再觉得无理数概率是什么稀罕的东西了。

问题 10：列举发生概率为无理数的现象

LEVEL ★★ ～～～～～ 方法 **1** ～～～～～

奇怪的硬币
(@ugo_ugo)

[问]

这里有一枚奇怪的硬币。当抛这枚硬币两次时，连续两次正面朝上的概率为 $\frac{1}{2}$。求抛这枚硬币一次时正面朝上的概率。

> 很好奇这枚硬币是怎么个"奇怪"法……

[答]

设抛一次硬币正面朝上的概率为 p。

连续两次正面朝上的概率为 p^2，已知其值等于 $\frac{1}{2}$，则有 $p^2 = \frac{1}{2}$，

即 $p = \frac{1}{\sqrt{2}} = \frac{\sqrt{2}}{2}$。

这道题目的题面中完全没有出现无理数，答案却是无理数【※1】，可能很多人会觉得不可思议。

这道题的奥秘在于用"连续两次正面朝上的概率为 1/2"来表示 $p^2 = \dfrac{1}{2}$ 这个方程,巧妙地在题面中隐藏了无理数的要素。乍一看这道题的题面,很难注意到概率会是个无理数。

因为 $\sqrt{2} = 1.414...$,所以这枚硬币正面朝上的概率为 $\dfrac{\sqrt{2}}{2} = 0.707...$,也就是大约 70%。我也不知道这枚硬币长什么样子,但应该是个非常奇怪的形状,大概很难放进钱包里。

【※1】什么是无理数

无理数就是无法用分数,即 $\dfrac{\text{整数}}{\text{整数}}$ 的形式来表示的数。

例如,自身的平方等于 2 的数 $\sqrt{2}$,以及圆周率 $\pi = 3.141592...$
都是常见的无理数。

不被雨淋湿的概率

(@ 有名问题)

[问]

在 2m × 2m 的正方形区域内垂直降雨，此时撑起一把半径为 1m 的伞，求雨滴被伞挡住的概率。

> 这是日常生活中经常遇到的情况

[答]

通过 $\dfrac{伞的面积}{正方形的面积}$ 即可计算出概率为 $\dfrac{\pi}{4}$。

在概率中出现了无理数 π（圆周率）。运用这个问题可以近似地计算圆周率的值。我们可以统计出正方形区域内落下的所有雨滴的数量，以及落在伞上的雨滴数量，然后计算 $\dfrac{落在伞上的雨滴数量}{所有落下的雨滴数量}$。随着雨滴数量不断增加，这个值会不断接近 $\dfrac{\pi}{4}$。

但是，要逐一数出雨滴的数量，即便使用超高速摄像机也是一项十分烦琐的工作。于是，我们可以用计算机来进行模拟。首先用计算机画出圆及其外切正方形，然后在正方形内部随机画点，此时落在圆内部的点的比例会逐渐接近 $\dfrac{\pi}{4}$。这种逼近概率（或者面积、体积等）的方法称为**蒙特卡罗法**。

LEVEL ★★★★

方法 3

在赌场里破产

（ @kiri8128 ）

[问]

在某个赌场中，可以花 1 元钱玩如下游戏：

"公平地抛硬币，若正面朝上可得到 3 元钱。"

此时你带着 1 元钱去了赌场，一直玩上述游戏直到破产为止。

那么，你能无限玩下去不破产的概率是多少？

[答]

设当手上的余额为 n 元时，玩该游戏最终会破产的概率为 p_n。因为概率之和为 1，所以这里要求的"无限玩下去的概率（即不会破产的概率）"为 $1-p_1$。

> 要是钱能一直变多该多好啊

那么，一轮游戏总共可能产生两种结果，即

$\frac{1}{2}$ 的概率正面朝上 → 余额增加 2 元（ p_n 变为 p_{n+2} ）

或

$\frac{1}{2}$ 的概率背面朝上 → 余额减少 1 元（ p_n 变为 p_{n-1} ）

由此可得

$$p_n = \frac{1}{2}p_{n+2} + \frac{1}{2}p_{n-1} \quad ①$$

此外,"余额从 n 元变为 $n-1$ 元的概率"和"余额从 1 元变为 0 元(破产)的概率"是相同的,都是 p_1。

也就是说,"余额从 n 元变为破产的概率"和"余额从 1 元变为破产的情况重复发生 n 次的概率"是相同的。

由此可得

$$p_n = p_1^n \quad ②$$

根据式①②:

$$p_1^n = \frac{1}{2} p_1^{n+2} + \frac{1}{2} p_1^{n-1}$$
$$2p_1^n = p_1^{n+2} + p_1^{n-1}$$
$$2p_1 = p_1^3 + 1$$
$$p_1^3 - 2p_1 + 1 = 0$$
$$(p_1 - 1)(p_1^2 + p_1 - 1) = 0$$
$$p_1 = 1 \text{ 或 } \frac{\sqrt{5} \pm 1}{2}$$

在这里,概率是不能大于 1 的,且只有在 $0 < p_1 < 1$ 的范围内有意义,因此 $p_1 = \frac{\sqrt{5} - 1}{2}$。于是,所求的概率为 $1 - p_1 = \frac{3 - \sqrt{5}}{2}$,我们成功求出了答案!

为了求出 p_1,我们发现将其转化为一般情况的 p_n 更容易思考。这种将具体问题一般化(抽象化)之后反而更容易思考的反直觉现象称为**发明者悖论**。

LEVEL ★★★★ ～～～～ 方法 **4** ～～～～

掉落的木棒

(@ 有名问题)

[问]

一根木棒掉在地上断成 3 截，求这 3 截小木棒正好能拼成一个锐角三角形的概率。

不要吐槽能不能这样摔断

锐角三角形就是三个内角都小于 90° 的三角形。

这个问题是 1981 年在英国数学期刊 *The Mathematical Gazette* 上提出的。

这是一个非常难的问题！老实说，不擅长数学的朋友看到证明过程，可能会感觉是在看天书，然后直接合上书不看了。

本书原本是想让大家感受数学有趣的一面，如果反而给大家留下心理阴影就不好了，所以对于这个问题，自认为 **"我喜欢数学！"** 的朋友可以继续往下看，而 "现在还不太喜欢" 的朋友可以先跳过去。

设 3 截小木棒的长度分别为 a、b、c，然后用式子表示出它们能拼成锐角三角形的条件。假设 $a \leq b \leq c$，且锐角三角形最大的内角 C 小于 90°，则所求的条件为 $\cos C > 0$。

根据余弦定理，有

$$\cos C = \frac{a^2 + b^2 - c^2}{2ab}$$

因此所求条件等价于 $a^2 > b^2 > c^2$。

[答]

为了保持解法的通用性，设原始木棒的长度为 1，断成 3 截后，每截的长度分别为 x、y、$1-x-y$，则有

$$x > 0 \text{ 且 } y > 0 \text{ 且 } 1-x-y > 0 \quad ①$$

这 3 截小木棒能拼成锐角三角形的条件为

$$x^2 + y^2 > (1-x-y)^2 \text{ 且 } y^2 + (1-x-y)^2 > x^2 \text{ 且 } (1-x-y)^2 + x^2 > y^2 \quad ②$$

将其画成图像如下页图所示。

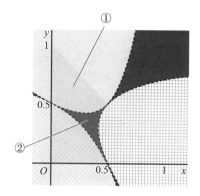

所求概率相当于②在①的面积中所占的比例，用积分分别求出两部分的面积得

$$① = \frac{1}{2}, \quad ② = \frac{3}{2}\ln 2 - 1$$

由此可得，所求概率为

$$\left(\frac{3}{2}\ln 2 - 1\right) \div \frac{1}{2} = 3\ln 2 - 2$$

答案中出现了自然对数 ln，因此概率为无理数。

所求概率 3ln2 − 2 约为 0.079，也就是说能拼成锐角三角形的概率是很小的，是不是比你想象的要小得多呢？这是因为，这个问题的前提是"木棒在各处折断的概率相等"，所以需要考虑到在靠近木棒两端的位置折断的情况。

有兴趣的朋友也请挑战一下用积分来求面积的计算过程吧。

数学家小传①冈洁

冈洁（Oka Kiyoshi）是一位享誉世界的日本天才数学家。

当然，他本人似乎并不喜欢被称为天才。

冈洁 1901 年生于和歌山，就读于京都大学理学部，毕业后成为助理教授，此后决定前往法国留学。在留学期间，冈洁找到了他后来毕生研究的领域"多变量解析函数论"。当时这一领域尚处于几乎无人问津的状态，冈洁花费毕生的精力独立开拓了这一领域。

在冈洁的一生中，他解决了三个被认为不可能解决的问题，震动了整个数学界。要说他有多厉害，某位西方数学家曾误以为"OKA KIYOSHI"不是一个人的名字，而是一个数学家团队的名字。冈洁曾被授予日本文化勋章，以表彰其功绩。在授勋仪式上，当被问到"数学是怎样的一门学问"时，他回答道："是生命的燃烧。"

他所说的"生命的燃烧"并非空谈，据说他从早上起床到晚上睡觉，一整天的时间几乎全部奉献给了数学。在长期孤独的研究生活中，冈洁患上了精神疾病，陷入了躁郁状态。他的经历给我们的启示是"要找到某种热爱到能为之燃烧生命的东西"。冈洁说过的一句话就佐证了这一点：

"人具有一种特性，做一件事做到极致就一定会喜欢上它，若是喜欢不上反倒是不可思议的。"

问题11
找出近似整数

有印度魔法师之称的数学家拉马努金曾发现了下面这个数：

$$22\pi^4 = 2143.00000274...$$

$22\pi^4$ 当然是一个无理数，但它的小数部分从一开始就出现了 5 个连续的 0，让人觉得它几乎就是整数。像这种不是整数却非常接近整数的数，我们称之为"近似整数"。

本章中，让我们效仿拉马努金，一起来玩一个寻找近似整数的游戏吧！

尽管寻找近似整数基本上属于游戏的范畴，但有时某个数能够十分接近整数并不是偶然的产物，而是可以通过理论推导出的必然结果。因此，寻找近似整数也是一项有意义的工作。

方法 1

使用 e 和 π

（@Keyneqq）

> 想出这么多到底花了多长时间啊……

$$(\pi + e) + \pi e + \frac{\pi}{e} + \sqrt[e]{e} = 17.00000391...$$

$$\pi(2e)^2 - e - e^{-2} = 90.000000317...$$

$$(5^\pi - 4^\pi + 2^\pi) - (5^e - 4^e + 3^e) = 32.00000000284...$$

$$\frac{\sqrt{e}^{\sqrt{e}} e^e + \sin(\sqrt{e}^{\sqrt{e}} e^e)}{\pi} = 11.000000000011...$$

据投稿者说，这些式子都是他在玩用 e 和 π 凑出近似整数的游戏时发现的。

这位是真的天才，简直是拉马努金附体。

请大家怀着参观算式美术馆的心情，欣赏这些式子的美妙和有趣之处吧。

LEVEL ★ ★ ★ ★

方法 **2**

格尔丰德常数

（@ 格尔丰德）

$$e^\pi - \pi = 19.999099979...$$

自然常数 e 的圆周率 π 次方，即

$$e^\pi = 23.14069...$$

称为**格尔丰德常数**，它是一个无理数。这个数在无理数中也属于特别的一种，称为**超越数**。格尔丰德常数与 π 的差非常接近 20。

自然常数 e 和圆周率 π 竟然能凑出近似整数?!
这背后一定有美妙的数学必然!

如果你这么想，那我要先说声抱歉。

因为关于为什么这个数会是一个近似整数，还没有人发现合理的解释，目前主流观点认为这只是一个偶然的巧合。

反过来说，如果你能发现这个式子背后隐藏的数学原理，那你就可以一夜成名了。

去追求浪漫吧。

方法 **3**

使用 sin

(@ 有名问题)

$$\sin 11 = -0.9999902...$$

$\sin 11$ 的值非常接近 -1，这是可以用合理的方法推导出来的，其基础是 $\dfrac{22}{7}$ 非常接近圆周率 π 这一事实。关于这一点，在"问题 9：求出圆周率"的方法中有详细的介绍。

将 $\pi \approx \dfrac{22}{7}$ 去分母可得 $7\pi \approx 22$，于是有

$$\cos 22 \approx \cos 7\pi = -1$$

根据半角公式，有

$$\sin^2 11 = \frac{1 - \cos 22}{2} \approx \frac{1 - (-1)}{2} = 1$$

根据上式，且 $\sin 11 < 0$，可推出 $\sin 11$ 的值非常接近 -1。

除 11 之外，还有其他正整数 n 使得 $\sin n$ 的值非常接近整数，通过编程计算可发现

$$\sin 344 = -0.9999903...$$

这个值的背景是 $\pi \approx \dfrac{344 \times 2}{219}$。

看来 $\sin n$ 和 π 的分数近似有着密不可分的联系。

LEVEL ★ ★ ★

方法 **4**

米的定义

（@ 有名问题）

$$\frac{g}{\pi^2} = 0.993621...$$

这里的 g 为地面附近的重力加速度。在地球上不同地方测出的 g 的值有一些差异，因此这里采用标准值：

$$g = 9.80665 \text{m/s}^2$$

重力加速度 g 与圆周率 π 的平方之比非常接近 1，其中存在什么必然性呢？

其实，与其说有什么数学上的理由，不如说有一些物理上的理由。

掌握问题关键的是摆钟。

摆钟是一种靠钟摆运动来计时的设备，钟摆运动的一个周期（即摆回最初位置所需的时间）为 2 秒。设钟摆运动的一个周期为 T，钟摆的长度为 L，则可用重力加速度 g 和圆周率 π 将 T 近似为

$$T = 2\pi\sqrt{\frac{L}{g}}$$

这是高中物理的内容。

由于 g 和 π 都是常数，因此只要知道 T 和 L 中的任意一个值，就可以求出另一个值。刚才说过钟摆运动的周期为 2 秒，因此代入 $T=2$（秒）并变形，就可求出 L：

$$L = \frac{g}{\pi^2}$$

从前的人曾根据这个式子提出："就将这个长度 L 叫作 1 米吧！"

也就是说，在从前 $1 = \dfrac{g}{\pi^2}$。

不过，后来发现这个定义不准确，因为重力加速度 g 在地球各处的值是不同的。因此，人们不得不修改米的定义，并提出了各种方案。比如将 1 米定义为地球周长的 4000 万分之 1，以及通过制作米原器来定义 1 米的长度，等等。现在的定义为 "1 米是光在 1/299792458 秒内在真空中传播的距离"。

1 米的长度没有发生很大的变化，但最早的定义和现在的定义相比还是有少许差异的，也就是从 $\dfrac{g}{\pi^2}=1$ 变成了 $\dfrac{g}{\pi^2}=0.993621...$ 。

$\dfrac{g}{\pi^2}$ 非常接近整数并非单纯的巧合，而是由米的定义变化所造成的必然。

LEVEL ★ ★ ★ ★ ★

方法 **5**

人造近似整数

（@Keyneqq）

> 它自己大概也以为
> 自己是整数了吧

$$\frac{2}{\pi}[11 - \sinh\cos 11 - \sinh\cos(11 - \sinh\cos 11)]$$

$$= 7.0000000000000000000000000000000000000000000$$
$$00000000000000000000000000788...【※1】$$

这个数中连续出现了 66 个 0。

真是超高精度的近似整数！

到这种程度，把它当成整数也不为过吧。

其实，这个数并不是偶然发现的近似整数，而是投稿者刻意生成的**人造近似整数**。在发现近似整数的游戏中，

算是作弊行为。

下面我们来看看这种数学上的作弊到底是如何实现的。

要理解这个式子是怎么写出来的，需要一些大学数学知识，因此现在还不太喜欢数学的朋友可以跳过下面的内容。

【※1】$\sinh x$ 是双曲正弦函数，其定义为

$$\sinh x = \frac{e^x - e^{-x}}{2}$$

$\sinh x$ 和 $\arcsin x$ 的泰勒展开如下：

$$\sinh x = x + \frac{x^3}{6} + \frac{x^5}{120} + \frac{x^7}{5040} + \cdots$$

$$\arcsin x = x + \frac{x^3}{6} + \frac{3}{40}x^5 + \frac{5}{112}x^7 + \cdots$$

这两个函数的泰勒展开到第 x^4 项都是相同的，因此在 $x=0$ 附近 $\sinh x$ 和 $\arcsin x$ 的值非常接近。

因此，$\sinh(\sin x)$ 在 $x=0$ 附近应非常接近于恒等函数 x，我们通过实际的泰勒展开验证一下：

$$\sinh(\sin x) = x - \frac{x^5}{15} + \frac{x^7}{90} + \cdots$$

假设对函数 $F(x) = x - \sinh(\cos x)$ 代入 $x=11$。

因为 $\frac{22}{7} \approx \pi$，即 $11 \approx \frac{7}{2}\pi$，设 ε 为接近 0 的实数，则有 $11 \approx \frac{7}{2}\pi + \varepsilon$。

$$\begin{aligned} F(11) &\approx F\left(\frac{7}{2}\pi + \varepsilon\right) = \left(\frac{7}{2}\pi + \varepsilon\right) - \sinh\left(\cos\left(\frac{7}{2}\pi + \varepsilon\right)\right) \\ &= \frac{7}{2}\pi + \varepsilon - \sinh(\sin\varepsilon) \\ &\approx \frac{7}{2}\pi + \frac{\varepsilon^5}{15} \end{aligned}$$

将 $F(11)$ 代入 $F(x)$，得

$$F(F(11)) \approx F\left(F\left(\frac{7}{2}\pi + \varepsilon\right)\right) \approx F\left(\frac{7}{2}\pi + \frac{\varepsilon^5}{15}\right)$$

$$\approx \frac{7}{2}\pi + \frac{(\varepsilon^5/15)^5}{15}$$

由此便生成了一个十分接近 $\frac{7}{2}\pi$ 的数，计算该数值可得

$$F(F(11)) \approx \frac{7}{2}\pi + 1.23 \times 10^{-66}$$

一开始的那个式子，其实就是 $F(F(11))$ 乘以 $\frac{2}{\pi}$，因此结果近似于 7：

$$\frac{2}{\pi}F(F(11)) \approx 7 + 7.88 \times 10^{-67}$$

这个方法的厉害之处在于，可以通过反复代入生成无限接近 7 的数。

这真是一种数学上的作弊啊！

数学家小传②库尔特·哥德尔

曾经的大数学家希尔伯特曾尝试通过数学命题的形式化来证明数学是自洽的，这被称为"希尔伯特计划"。有一位年轻的天才对这个计划造成了重大的影响，他就是库尔特·哥德尔。

哥德尔证明了"不完全性定理"，这意味着当时的希尔伯特计划并不足以实现希尔伯特的目的，这个计划也因此被废弃。

简单来说，不完全性定理的内容是"（在特定系统中）存在既无法证明也无法证伪的命题""一个自洽的系统无法证明自己是自洽的"。在这里讲明白这个定理非常困难，想要深入理解这个定理的朋友，可以看一看用数学语言表述的相关论文。

哥德尔原本在维也纳大学任讲师，为了逃离纳粹的威胁，他移居到了美国。而为他获得美国公民权充当担保人的，正是著名的阿尔伯特·爱因斯坦。哥德尔和爱因斯坦在数学、哲学、物理学等领域进行过频繁的探讨。

此外，要取得美国公民权，需要参加美国联邦宪法相关的面试。但是，在面试当天，哥德尔却当着面试官和爱因斯坦等人的面说："我发现了一个在不违反联邦宪法的前提下让美国变成独裁国家的方法。"场面一度十分尴尬。

"宪法的条文是自洽而没有矛盾的"，从这一点来看，宪法和数学的公理系统很像。哥德尔证明了不完全性定理，他可能是把宪法也当成数学书来看待了吧。

列举"有病的数学"

在面对数学时，有时会发现一些不可思议的事实。

特别是有些事实非常匪夷所思、难以预测、违反直觉，"数学集团"一般把这种现象称为"有病"。而答案如果完全符合预期，则称为"很乖"。

本章中，我们将为大家介绍一些令"数学集团"都感到头痛的"有病的数学"。

下面为大家介绍一些数学界知名的"有病的问题"。

方法 **1**

正方形平铺问题

(@ 有名问题)

在一个大正方形中平铺大小相同的小正方形。若要铺进 n 个面积为 1 的小正方形，那么大正方形的边长的最小值 $s(n)$ 是多少？

以 4 个小正方形的情况为例，只要横纵各铺 2 个就可以毫无缝隙地铺满，因此 $s(4)$ 的值为 2。那么如果是 5 个、23 个、100 个呢？

这就是这个问题的目标，其中 s 代表 side（边）。

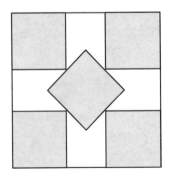
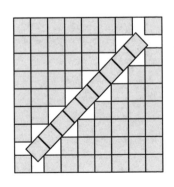

140

当初提出这个问题时，给出的模型一般是像上页图中那样用倾斜 45° 的正方形进行组合，从直觉上一般也认为采用比较规则的铺法能铺得更紧密。

当然，在某些情况下这种铺法是最好的，但在 n 取某些值时，反倒是铺得歪一些能让 $s(n)$ 取到更小的值。

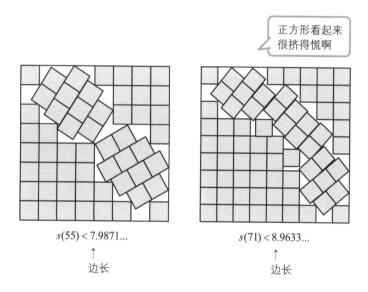

> 正方形看起来很挤得慌啊

$s(55) < 7.9871...$
↑
边长

$s(71) < 8.9633...$
↑
边长

上面的左图和右图分别是在铺 55 个和铺 71 个正方形的情况下，目前发现的最优解。这种看起来非常勉强的铺法居然是最优解，真是违反直觉。

如果你在日常生活中遇到要收纳好多个立方体盒子的情况，**说不定稍微放歪一点儿会更好。**

141

数学炼金术

(@ 巴拿赫和塔斯基)

20 世纪初，波兰数学家巴拿赫和塔斯基证明了一个非常令人震惊的定理，后来称为**巴拿赫 – 塔斯基定理**。根据这一定理，将一个球分割成有限个碎片并重新组合，可以形成两个同样大小的球。

简单来说，这个数学定理就是说"把西瓜打碎之后，用碎片进行巧妙的组合就可以拼出和原来大小一样的两个西瓜"。

把西瓜打碎，用碎片拼成两个西瓜（做不到）

怎么样，这个定理的内容简直令人难以置信吧？

如果这个定理实际上真能成立，那就可以无限切西瓜了，粮食问题也就解决了！能把一个球变成两个球，这可以说是炼金术了吧？这个定理过于违背常识，因此也被称为**巴拿赫 – 塔斯基悖论**（实际上并不是悖论）。

先说结论：

很遗憾，这个定理在现实世界中不成立。

但在数学世界中，能够证明它是成立的。

也就是说，这个定理

告诉我们现实世界和逻辑（数学）世界是不同的。

那么，这个定理真的能成立吗？要证明巴拿赫－塔斯基定理有点难，但为了能够直观地理解它，让我们来做一个思想实验。

假设有一种仅由"A"和"B"两种字符构成的字符串，例如"A""B""AB""ABBA""BABBA""BBBBBBBB…"等。假设有一本字典收录了所有这样的字符串。

接下来，将字典中的所有字符串分成两组，一组是以"A"开头的，一组是以"B"开头的，并将这两组分别命名为"字典 A"和"字典 B"。

字典 A 中收录了"A""AA""AAB""ABBAA"等以"A"开头的字符串，而字典 B 中收录了"B""BBA""BAAB""BABA""BABBB"

等以"B"开头的字符串。

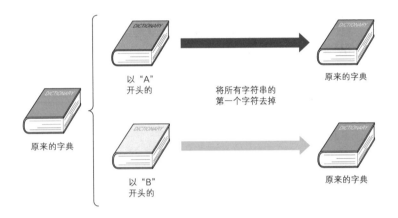

那么，如果将"字典 A"和"字典 B"中所有字符串的第一个字符都去掉会发生什么呢？

"字典 A"中的所有字符串去掉第一个字符"A"后，就剩下"A""AB""BBAA"等由"A"和"B"构成的所有字符串，也就是和原本的字典一模一样了。

同样，"字典 B"中的所有字符串去掉第一个字符"B"后，就剩下"BA""AAB""ABA""ABBB"等，也和原本的字典一模一样。

也就是说，我们用一本字典生成了两本一模一样的字典。

话说，在巴拿赫－塔斯基定理的证明中，使用了**选择公理**这一数学结论。

选择公理是指，当存在若干"非空集合"时，可以从每个集合中各取一个元素生成新的集合。字典的思想实验并不需要选择公理，但球的情况比较复杂，需要使用选择公理才能证明。

方法 **3**

武士的忧郁

（@ 挂谷宗一）

1916 年，日本数学家挂谷宗一提出了这样一个问题：

"武士随身带刀，上厕所也会带刀。万一在厕所里打起来，要能在厕所里挥刀应战，厕所的面积最小是多少呢？"

这个随口一提的问题，后来被称为**挂谷问题**。

【挂谷问题】

令长度为 1 的木棒旋转一周，当木棒扫过的面积最小时，形成的图形是什么样的？

例如，木棒显然能在直径为 1 的圆中旋转一周。

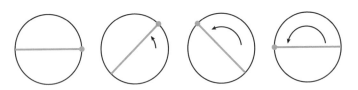

圆的面积为 $\dfrac{\pi}{4} = 0.78539...$，能不能在面积更小的图形中旋转一周呢？请大家仔细想想。挂谷想到了下面这样的图形。

这个图形是分别以正三角形的三个顶点为圆心用圆规画弧构成的，称为**勒洛三角形**。

这个图形的面积为 $\dfrac{\pi-\sqrt{3}}{2}=0.70477\ldots$，比圆的面积要小一点儿。

挂谷心想："勒洛三角形就是最小的了吧?"同时代的数学家藤原和洼田却提出："并不是!"这两位数学家发现，木棒在高为 1 的正三角形中也能旋转一周。

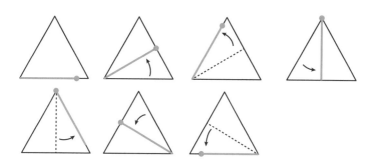

怎么样? 非常丝滑的旋转，简直技术超群。这个图形的面积为 $\dfrac{1}{\sqrt{3}}=0.57735\ldots$，已经相当小了。事实上，已经证明在符合条件的所有凸多边形中，正三角形是最小的。没错，对于"凸多边形"，这就是最终答案。

然而，从这里开始才是挂谷问题的精髓。

如果把凹多边形也考虑进去会怎样呢?

其实，木棒在五角星中也可以旋转。

神奇的运动

虽然运动方式非常奇怪，但依然成功地让木棒旋转了一周。只不过这个图形的面积为 0.5877...，比正三角形的面积还是要大一点儿。

148

然而，现在放弃还太早了。

让我们增加星星的尖点数量试试看。

大家可以验证一下，和五角星一样，木棒依然能够旋转。尽管并不是单纯增加尖点就可以了，但使用这样的思路可以将面积缩小到 $\frac{\pi}{108}=0.029...$ 左右‼ 这仅相当于最开始的圆形面积的 27 分之 1。

现在感到震惊还太早了。接下来还有更加"有病"的事实等着你。其实，目前已经证明，只要改变形状，

图形面积可以变得无穷小。

这到底是怎样一种图形呢？就是下页中这样的。

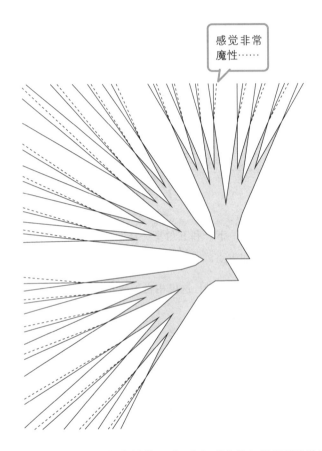

这种图形一般称为**佩龙树**【※1】。人们到底是怎样想到这种图形的呢？

简单来说，木棒在佩龙树中可以通过下图中的方法进行平行移动。

在数学中，"线段是没有宽度的"。巧妙利用这一特性，只要缩小 θ 的角度，就可以缩小木棒扫过的面积。

用现实中的例子来说，就是一根比东京晴空塔① 还长的木棒可以在面积比你的手掌还小的图形中旋转。

这从直觉上说显然是非常难以理解的。

作为"有病的数学"来说真是一个名副其实的问题。

【※1】准确来说，佩龙树就是在不断缩小扫过面积的过程中得到的图形。

① 东京晴空塔（Tokyo Skytree）是东京著名的地标建筑，高度为 634 米，是目前世界上最高的塔式建筑。——译者注

蒙提霍尔问题

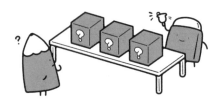

蒙提霍尔问题是一个与蒙提·霍尔主持的一档美国电视节目中的一个游戏相关的问题。

假设有 A、B、C 三个盒子，其中一个盒子中装有一枚车钥匙，另外两个则是空的。你可以从三个盒子中选择一个，如果选到装有车钥匙的盒子就可以得到一辆高级轿车。

假设你选了 A 盒子，此时主持人打开你没有选择的 B 盒子，并展示 B 盒子是空的。然后，主持人对你说："你现在可以把你的选择从 A 改成 C 哦。"此时，你是应该改变自己的选择，还是不应该改变呢？

如果奖品位于 A 和 C 其中之一，好像无论选哪一个，中奖概率都是 50%，无论改变不改变选择，概率都是一样的。而且，如果改变选择反而选错了，你一定会懊悔得捶胸顿足吧。既然如此，还是不改变选择比较好吧……

这里的概率有很多种求法，我们说说最简单的一种思路。

如果不改变一开始的选择，那么三个盒子中有一个装有奖品，则中奖概率为 $\frac{1}{3}$。

如果改变选择，假设一开始的选择是错的，那么改变之后则必定中奖，此时中奖概率为 $\frac{2}{3}$。也就是说，改变选择的话，中奖概率会变为原来的 2 倍。

问题13
证明 1=2

　　每年都有这样一天，即便说假话也没有关系，这就是 4 月 1 日愚人节。

　　作为每天都与数学打交道的"数学集团"，愚人节这天当然也要用数学来说点假话。

　　数学里的假话，就是虚假的证明，也称为谬证。

　　如果谬证足够高级，一般人就很难看出到底哪里有问题，并且由此推导出错误的结论。

　　接下来要介绍的就是"数学集团"提出的一些精彩的谬证。大家在阅读的时候，一定要思考一下到底错在哪里哦！

下面来介绍一些对 1=2 的谬证。

方法 **1**

巧妙的变形

（@ 有名问题）

首先，看这个证明：

$$a = b$$
$$a^2 = ab$$
$$a^2 - b^2 = ab - b^2$$
$$(a-b)(a+b) = b(a-b)$$
$$a + b = b$$
$$a + a = b$$
$$2a = a$$
$$2 = 1$$

你能看出来这个证明错在哪里吗?

先尝试思考一下吧。

重点就在第 4 行和第 5 行之间。

$$(a-b)(a+b) = b(a-b)$$
$$a + b = b$$

在这两行之间，我们对左右两边同时除以 $a-b$。

但在第 1 行已经定义了

$$a=b$$

因此 $a-b=0$，也就是说两边都除以 0，这就造成了后面计算结果的矛盾。

在数学中不能除以 0 是一条铁律，如果用计算器计算除以 0 就会出错。美国海军的宙斯盾巡洋舰所搭载的程序曾经因除以 0 的误操作发生系统瘫痪，导致主机宕机，在加勒比海上漂流了两小时。

在学校考试中，除以 0 也是要扣分的，

除以 0 真是全人类的公敌啊！

话说，为什么不能除以 0 呢？

假设 $1 \div 0$ 的结果为 x，按照定义，除法是乘法的逆运算，原式就可以变形为

$$1 \div 0 = x \Leftrightarrow 1 = x \times 0$$

由于任何数乘以 0 的结果都是 0，因此不存在乘以 0 的结果为 1 的数 x。当然，我们可以尝试强行定义 $1 = x \times 0$。

于是有

$$1 = x \times 0$$
$$= x \times (0 + 0)$$
$$= (x \times 0) + (x \times 0)$$
$$= 1 + 1$$
$$= 2$$

我们推出了 1=2 这种荒谬的结果。

如果将两边加 1，就可以将所有的正整数用等号连起来：

$$2 = 3,\ 3 = 4,\ 4 = 5,\ \cdots$$

这真是个大危机啊！

这可太糟糕了，除以 0 好可怕。

─── 方法 **2** ───

导数陷阱

（@ 有名问题）

$$\underbrace{x+x+\cdots+x+x}_{x\text{个}x}=x^2$$

两边同时求导，得

$$\underbrace{1+1+\cdots+1+1}_{x\text{个}1}=2x$$

$$x=2x$$

$$1=2$$

对函数 $f(x)=x$ 求导，$f'(x)=1$；对 $g(x)=x^2$ 求导，$g'(x)=2x$。这样一想，感觉这个证明好像没什么问题。

虽然乍一看没问题，但这个把戏的秘密在于，左边的"x 个"被当成常量来处理了。

单纯把 x 的导数 1 相加 x 次是不行的，我们必须考虑到实际上"x 个"中的 x 是个变量。

对函数求导就是求这个函数的斜率。"x 个 x"这样的函数画不出图像，也就不能对这个函数求导，因此这个证明是不成立的。

LEVEL ★★★ 方法 **3**

视觉把戏

(@ 有名问题)

在以下边长为 1 的正三角形中,黑线的长度总和为 1+1=2。

> 不断重复,最终
> 会与底边重合

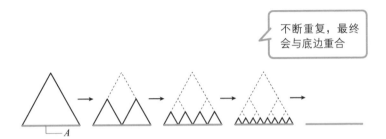

如上图所示,将正三角形的顶点向下翻转,翻转后黑线的长度总和仍然为 2。如此无限重复,最终会与蓝线 A 重合,而蓝线的长度为 1,因此 1=2。

怎么样,从直觉上看:

"咦? 2 真的变成 1 了!"

有这种感觉的朋友应该不在少数吧?但其实这是错误的。尽管看上去黑线在不断接近蓝线 A,但实际上无论如何翻转,两条线都不会重合,因此 1=2 是不成立的。

同样，下面也是一个谬证。

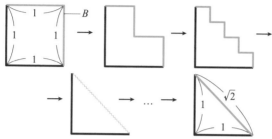

蓝线 B 的长度总和不变，因此 $2 = \sqrt{2}$

这个谬证是采用将正方形右上角向内侧翻转的方法构造的。

同样，在翻转过程中，蓝线 B 的长度总和始终是 2。不断翻转后会变成等腰直角三角形，两条直角边长度为 1，因此斜边长度为 $\sqrt{2}$，于是 $2 = \sqrt{2}$。

毋庸置疑，这是一个谬证，但是

很容易让人感觉"看起来没错"，对吧？

真是名副其实的"视觉把戏"，

是"大胆的假话"。

幂塔陷阱

（@ 有名问题）

假设有一个对 x 无限乘方的函数 $f(x)$：

$$f(x) = x^{x^{x^{\cdots}}}$$

最下面的 x 的指数也就是 $f(x)$ 本身，因此有

$$f(x) = x^{f(x)}$$

令 $f(x) = 2$，则有 $2 = x^2$，即 $x = \sqrt{2}$，由此可得

$$2 = \sqrt{2}^{\sqrt{2}^{\sqrt{2}^{\sqrt{2}^{\sqrt{2}^{\cdots}}}}}$$

令 $f(x) = 4$，则有 $4 = x^4$，$x = \sqrt{2}$ 同样满足条件，由此可得

$$4 = \sqrt{2}^{\sqrt{2}^{\sqrt{2}^{\sqrt{2}^{\sqrt{2}^{\cdots}}}}}$$

即

$$2 = \sqrt{2}^{\sqrt{2}^{\sqrt{2}^{\sqrt{2}^{\sqrt{2}^{\cdots}}}}} = 4$$

两边同时除以 2 得 $1 = 2$。

之所以会得到这样的结果，原因在于 $f(x)$ 的值域。实际上，$f(x)$ 的值域为 $0 < f(x) \leqslant e (= 2.718\ldots)$，故令 $f(x) = 4$ 是不合理的。因此，即

便 $2 = \sqrt{2}^{\sqrt{2}^{\sqrt{2}^{\sqrt{2}^{\sqrt{2}^{\cdot^{\cdot}}}}}}$ 成立，$4 = \sqrt{2}^{\sqrt{2}^{\sqrt{2}^{\sqrt{2}^{\sqrt{2}^{\cdot^{\cdot}}}}}}$ 也是不成立的。

关于 $f(x)$ 的值域，我们可以这样来分析。

下面的内容有点难，**对数学有自信的朋友**来挑战一下吧。

为了分析 $a^{a^{a^{\cdot^{\cdot}}}}$，我们需要准备两个函数：$y = a^x$ 和 $y = x$。

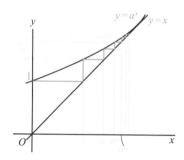

从 $(0, 1)$ 开始在两个函数图像之间"反复横跳"的蓝线延伸到的尽头就是 $a^{a^{a^{a^{\cdot^{\cdot}}}}}$ 的极限，因此两个图像的第一个交点，即 $x = a^x$ 的较小解就是 $a^{a^{a^{a^{\cdot^{\cdot}}}}}$ 的收敛位置。

也就是说，当两个图像在 $x > 0$ 的范围内存在交点时 $a^{a^{a^{a^{\cdot^{\cdot}}}}}$ 可收敛，满足条件的 a 的范围为 $0 < a \leqslant e^{\frac{1}{e}}$，由此便可求出值域。

方法 **5**

不定积分陷阱

(@TakatoraOfMath)

用分部积分法求下列积分：

$$I = \int \frac{1}{x \ln x} dx$$

$$= \int (\ln x)' \frac{1}{\ln x} dx$$

$$= \ln x \cdot \frac{1}{\ln x} - \int \ln x \cdot \left\{ -\frac{1}{(\ln x)^2} \right\} \cdot \frac{1}{x} dx$$

$$= 1 + \int \frac{1}{x \ln x} dx$$

$$= 1 + I$$

$$\therefore I = 1 + I$$

两边同时加上 $1-I$，得 $1=2$。

在这个证明过程中，遗漏了一个**绝对不能遗漏的东西**，因此才得出了 $1=2$ 的错误结论。

在不定积分中绝对不能遗漏的东西，大家知道是什么吗？没错，那就是**积分常数**。

不定积分中包含一个潜在的常数差异，这个常数差异就用积分常数来表示。因此，在 $I=1+I$ 这个等式中，I 本身包含了常数差异，尽管等式本身是正确的，但从两边同时减掉包含常数差异的 I 得到 $1=2$ 这一步是错误的。

使用 $\tan x$ 也可以变形为同样的形式：

$$
\begin{aligned}
I &= \int \tan x \, \mathrm{d}x \\
&= \int \frac{\sin x}{\cos x} \, \mathrm{d}x \\
&= \int (-\cos x)' \frac{1}{\cos x} \, \mathrm{d}x \\
&= -\cos x \cdot \frac{1}{\cos x} + \int \cos x \cdot \frac{\sin x}{\cos^2 x} \, \mathrm{d}x \\
&= -1 + \int \tan x \, \mathrm{d}x \\
&= -1 + I
\end{aligned}
$$

积分常数 C 因为存在感薄弱而经常被遗漏，某些情况下，这样的遗漏就会让我们推导出荒谬的结论。

大家可千万不要遗漏积分常数啊！

交错级数

(@sinon4k)

对于下列由整数的倒数交错加减构成的级数 A：

$$A = 1 - \frac{1}{2} + \frac{1}{3} - \frac{1}{4} + \frac{1}{5} - \frac{1}{6} + \cdots$$

将各项的顺序重新排列得

$$
\begin{aligned}
A &= \left(1 - \frac{1}{2}\right) - \frac{1}{4} + \left(\frac{1}{3} - \frac{1}{6}\right) - \frac{1}{8} + \left(\frac{1}{5} - \frac{1}{10}\right) - \frac{1}{12} + \cdots \\
&= \frac{1}{2} - \frac{1}{4} + \frac{1}{6} - \frac{1}{8} + \frac{1}{10} - \frac{1}{12} + \cdots \\
&= \frac{1}{2}\left(1 - \frac{1}{2} + \frac{1}{3} - \frac{1}{4} + \frac{1}{5} - \frac{1}{6} + \cdots\right) \\
&= \frac{A}{2}
\end{aligned}
$$

因此 $A = \frac{A}{2}$，即 $1 = 2$。

这是一个难以反驳的谬证。

可能很多朋友会被这个证明迷惑。

要指出这个证明的错误需要一些大学数学的知识。实际上，在数学上有这样一条规则，即"对于各项绝对值之和不收敛的级数，不能改变其各项的顺序"。

如果像这个谬证一样将无穷级数当成有限级数来处理，任意改变其各项的顺序，就会得出 1＝2 这样的矛盾。

对于这样的解释，有些朋友可能感到不服气。事实上，18 世纪的数学家们在发现这条规则之前也对此感到非常苦恼。

大家只要将其理解为，我们平常计算的"有限项求和"中的规则不适用于"无穷项求和"就可以了。

在这里，级数 A 会收敛于 ln 2 这个有限的值，但 $|A|$ 相当于调和级数，其值会发散为无穷大。因此，改变求和的顺序这种做法本身就是错误的。

话说，各项正负交替出现的级数称为**交错级数**。A 就是最有名的一个交错级数，称为**墨卡托级数**。

$$A = 1 - \frac{1}{2} + \frac{1}{3} - \frac{1}{4} + \frac{1}{5} - \frac{1}{6} + \cdots = \ln 2$$

$$|A| = 1 + \frac{1}{2} + \frac{1}{3} + \frac{1}{4} + \frac{1}{5} + \frac{1}{6} + \cdots \to \infty$$

我们还可以反过来利用这一谬证：

假设 $|A|$ 是收敛的，此时通过变形可推出 1＝2，产生矛盾，因此根据反证法推出 $|A|$ 是发散的。

如此即可证明 $|A|$ 也就是调和级数是发散的。

在收敛的级数中，像 A 这样绝对值发散的级数称为条件收敛级数，而绝对值也收敛的级数称为绝对收敛级数。

总结一下，对于绝对收敛级数，即使改变各项的顺序，也会收敛到同一个值，但对于条件收敛级数，改变各项的顺序就会收敛到不同的值。

好麻烦啊!

但这也并不完全是坏事。

因为存在这样一条浪漫的定理："巧妙地改变条件收敛级数中各项的顺序（重排），即可使级数收敛于任意实数。"这条定理称为**黎曼重排定理**。

笔者真的太喜欢这条定理了。♡

列举不可思议的图形

一个人同时表现出爱和恨、尊敬和嫉妒等对立的情感和态度，在心理学上称为"矛盾心理"（ambivalence）。

本章中，我们将介绍一些在同一个图形中同时存在无限和有限这两种对立状态，能够体现"矛盾心理"的图形。

请大家尽情探索这些如悖论般不可思议的图形吧。

方法 1

门格海绵

（@ 门格）

看下面这块海绵：

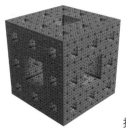

提供：Science Photo Library / Aflo

这块海绵称为**门格海绵**，它可不是一块普通的海绵。

因为它的表面积是无穷大的。

植物的根部长有根毛，这是为了提高水分的吸收效率，因为和水接触的表面积越大，吸水能力也就越强。门格海绵的表面积是无穷大的，即便不小心把水洒出来，它也能瞬间吸收。

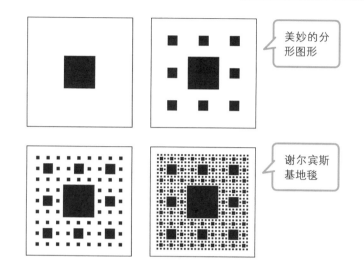

如上图所示，在正方形孔的周围开出小孔，然后在它们周围再开出更小的孔，无限重复这一过程就形成了门格海绵。门格海绵的整体与其中一部分的形状是相同的，这样的图形称为**分形（自相似）图形**。

真有这种海绵的话
一定可以大卖！

虽说如此，但有一个很大的难点。随着孔越开越多，其体积会趋于 0，因此无限开孔的门格海绵在三维世界中是无法存在的。

所以，**很遗憾，这种商品是没得卖的。**

方法 *2*

加百列号角

（@ 托里拆利）

加百列号角是一种体积有限但表面积无限的三维物体。

由于过于不可思议，它被冠以吹号角的大天使加百列的名字。此外，最早发现这一图形的是意大利数学家托里拆利，因此它也被称为**托里拆利小号**。

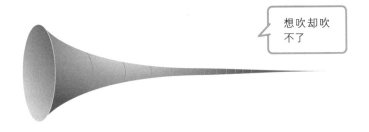

这只号角的体积是有限的，因此用有限量的油漆就可以装满它，但由于它的表面积是无限的，因此**无论用多少油漆都无法涂满它的表面**。

大家可能很难想象一个物体同时具有体积有限和表面积无限这两种性质。

为什么会发生如此不可思议的事情呢？我们用算式来解释一下。

加百列号角的定义是"由 $y = \dfrac{1}{x}$ 中 $x \geqslant 1$ 的部分沿 x 轴旋转一周所得到的图形"。

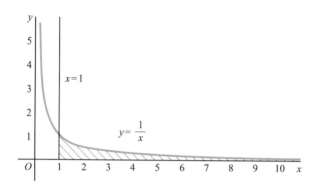

下面我们运用旋转体的体积和侧面积公式来尝试计算一下。理解以下内容至少需要高三年级学生具备的数学能力，如果感觉有信心就请继续读下去吧。

[旋转体的体积、侧面积公式]

由 $y=f(x)$、$x=a$、$x=b$ 和 x 轴围成的图形沿 x 轴旋转一周所得到的旋转体，其体积 V 与侧面积 S 为

$$V = \pi \int_a^b \{f(x)\}^2 \mathrm{d}x$$
$$S = 2\pi \int_a^b f(x)\sqrt{1+\{f'(x)^2\}} \ \mathrm{d}x$$

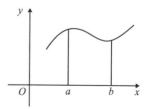

171

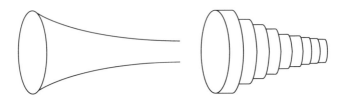

利用上述公式求出体积（号角的容积），得

$$V = \pi \int_1^\infty \left(\frac{1}{x}\right)^2 \mathrm{d}x = \lim_{n\to\infty} \pi \int_1^n \left(\frac{1}{x}\right)^2 \mathrm{d}x = \lim_{n\to\infty} \pi \left(-\frac{1}{n}+1\right) = \pi$$

因此其体积为 π，是一个有限的值。

问题在于表面积，难道表面积真的会发散到无穷大吗？

根据表面积 S 的公式，有

$$S = 2\pi \int_1^\infty \frac{1}{x} \sqrt{1+\left(-\frac{1}{x^2}\right)^2} \, \mathrm{d}x$$

号角有内外两面，我们只考虑其中一面。

我们的目标是证明上式发散到无穷大，可以这样做：

$$2\pi \int_1^\infty \frac{1}{x} \sqrt{1+\left(-\frac{1}{x^2}\right)^2} \, \mathrm{d}x > 2\pi \int_1^\infty \frac{1}{x} \sqrt{1+0^2} \, \mathrm{d}x$$

$$= 2\pi \int_1^\infty \frac{1}{x} \, \mathrm{d}x = \lim_{n\to\infty} 2\pi \int_1^n \frac{1}{x} \mathrm{d}x = \lim_{n\to\infty} 2\pi \ln n \to \infty$$

真的会发散到无穷大。这样的号角是不可能实际制作出来的，但**这样的物体在理论上是存在的**，真是难以置信。

LEVEL ★ ★ ★ ★

方法 **3**

正方形的面积与周长

（@ 有名问题）

正如"问题 13：证明 1 = 2"中方法 6 所介绍的，所有正整数的倒数和称为**调和级数**，它是一个发散到无穷大的级数。那么，所有正整数平方的倒数和等于多少呢？

$$\sum_{k=1}^{\infty} \frac{1}{k^2} = \frac{1}{1^2} + \frac{1}{2^2} + \frac{1}{3^2} + \frac{1}{4^2} + \frac{1}{5^2} + \frac{1}{6^2} + \cdots = ?$$

这是一个非常有名的难题，称为**巴塞尔问题**。

与调和级数不同，巴塞尔问题会收敛到一个比 2 小的值。这一点可以用以下方法证明。

[证明]

$$\sum_{n=1}^{\infty} \frac{1}{n^2} = 1 + \sum_{n=2}^{\infty} \frac{1}{n^2} < 1 + \sum_{n=2}^{\infty} \frac{1}{n(n-1)} = 1 + \sum_{n=2}^{\infty} \left(\frac{1}{n-1} - \frac{1}{n} \right) = 2$$

但是，要计算出具体收敛到哪个值是一个非常困难的问题。

从 1644 年这个问题被提出起，到数学巨匠莱昂哈德·欧拉最终将其解决，经过了大约 100 年的时间，足见其难度之大。

结果为

$$\sum_{n=1}^{\infty} \frac{1}{n^2} = \frac{\pi^2}{6}$$

（我们也可以用这个级数来计算圆周率。）

$$\sum_{k=1}^{\infty} \frac{1}{k} = \frac{1}{1} + \frac{1}{2} + \frac{1}{3} + \frac{1}{4} + \frac{1}{5} + \frac{1}{6} + \cdots \to \infty$$

$$\sum_{k=1}^{\infty} \frac{1}{k^2} = \frac{1}{1^2} + \frac{1}{2^2} + \frac{1}{3^2} + \frac{1}{4^2} + \frac{1}{5^2} + \frac{1}{6^2} + \cdots = \frac{\pi^2}{6}$$

最后，可以用上面两个级数来生成一个有趣的图形。将边长为 $\frac{1}{k}$ 的正方形从左到右依次排列，便可形成下图所示的图形。

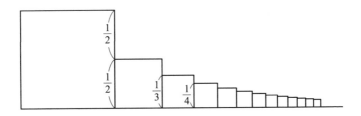

它的面积为 $\sum_{k=1}^{\infty} \frac{1}{k^2}$，即 $\frac{\pi^2}{6}$，但其周长 $2 + 2\sum_{k=1}^{\infty} \frac{1}{k}$ 是发散的。

也就是说，这是一个面积有限但周长无限的不可思议的图形。

让住满的无限旅馆腾出房间

　　在"无限"这个概念刚刚被提出的时候，没有人能明确地解释到底什么才是无限。德国数学家大卫·希尔伯特为了说明理解无限这个概念到底有多难，提出了一个称为无限旅馆的著名思想实验。

　　从下一页开始，我们就来介绍一下这个思想实验，请大家尽情探索无限的世界吧。

在某个地方有一家无限旅馆。顾名思义，无限旅馆中有无数个房间。有一天，有无数名客人住进了无限旅馆，把旅馆住满了。这时来了一位客人要求住店。

老板想了一会儿，提出了下面这个方案。

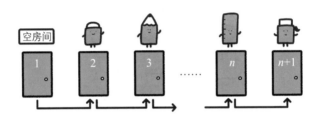

让 1 号房间的客人搬进 2 号房间，让 2 号房间的客人搬进 3 号房间，让 3 号房间的客人搬进 4 号房间，让 4 号房间的客人搬进 5 号房间……让 n 号房间的客人搬进 $n+1$ 号房间。

于是 1 号房间就空出来了，这位客人成功住了进去。

如果这家旅馆只有 100 个房间，那这样的方案是无法实现的，因为 99 号房间的客人搬进 100 号房间之后，100 号房间的客人却无法搬进不存在的 101 号房间。

然而，对于无限旅馆来说，这种方案是可行的。因为有无数个房间，所以无论 n 等于几，都一定存在 $n+1$ 号房间能让 n 号房间的客人搬进去。

简单来说，在无限旅馆中，$\infty = \infty + 1$ 是成立的，因此上述方案是可行的。

又有一天，旅馆又住满了客人，此时有一辆载有 100 人的大巴停在旅馆门口，要求住店。

老板想了一会儿，提出了下面这个方案。

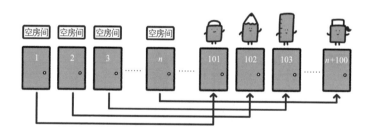

让 1 号房间的客人搬进 101 号房间，让 2 号房间的客人搬进 102 号房间，让 3 号房间的客人搬进 103 号房间，让 4 号房间的客人搬进 104 号房间……让 n 号房间的客人搬进 $n+100$ 号房间。

于是 1 号到 100 号房间就空出来了，这个 100 人旅行团成功住了进去。

和刚才一样，这种方案可行的前提是 $\infty = \infty + 100$ 成立。

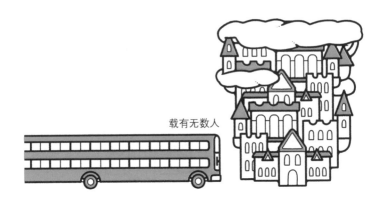

载有无数人

又有一天，旅馆又住满了客人，此时有一辆载有无数人的大巴停在旅馆门口，要求住店。

老板想了一会儿，提出了下面这个方案。

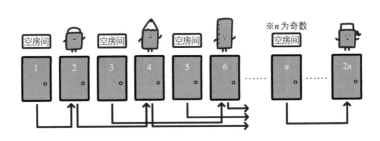

※n为奇数

让1号房间的客人搬进2号房间，让2号房间的客人搬进4号房间，让3号房间的客人搬进6号房间，让4号房间的客人搬进8号房间……让n号房间的客人搬进2n号房间。也就是让所有客人搬进自己所在房号2倍房号的房间。

于是1, 3, 5, 7, 9, …, 2n−1, …号房间，也就是奇数号房间就空出来了。

此时，只要让第m个从大巴上下来的客人住进2m−1号房间，就可以让大巴里这个无数人的旅游团全部住进去了。

显然，这种方案可行的前提是 $\infty = 2 \times \infty$ 成立。

接下来才是本次要讨论的问题。

又有一天，旅馆又一如既往地住满了客人，此时有无数辆载有无数人的大巴停在旅馆门口，要求住店。

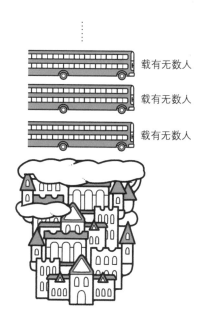

载有无数人

载有无数人

载有无数人

这下连老板也没办法了，你会怎样解决这个问题呢？

─── 方法 1 ───

质因数分解的唯一性

(@ 有名问题)

① 设旅馆中现在入住的客人房号为 n，让 n 号房间的客人搬进 2^n 号房间。

② 对所有大巴按奇质数编号，即 3, 5, 7, 11, 13, …。

③ 对每辆大巴上的乘客按正整数编号，即 1, 2, 3, …。

④ 让所有乘客住进 (大巴的编号)$^{(自己的编号)}$ 号房间。

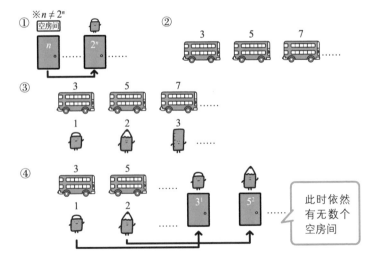

这个方法巧妙地利用了算术基本定理中**质因数分解的唯一性**，成功地让所有客人都住进了旅馆。质因数分解的唯一性是指，任意大于等于 2 的正整数都可以用若干质数的乘积唯一地表示出来。

上中学时，可能很多人觉得这个定理是理所当然的，但其实并非如此，它其实是整数的重要性质。当将整数扩展到复数时，这种唯一性可能就不成立了。

这个方法可行的前提是，**两个不相等的质数的任意次幂都不相等**，这看起来是理所当然的，但实际上并不是理所当然的。

而且，此时像 6、12 等拥有多个质因数的合数号房间全部都是空房间，也就是说，即便在无数辆载有无数人的大巴中的客人全部入住之后，旅馆中依然有无数个空房间。

在进行客房服务的时候，大多数房间是空的，管理起来会有点困难吧。

排队报数

(@Shousha_11235)

① 让现在住在 n 号房间的客人搬到 $2n$ 号房间。

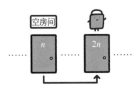

② 通过①的操作让奇数号房间全部空出来，然后将这些空房间
重新按 1, 2, 3, … 编号。

③ 让所有乘客从大巴上下来，然后按下图排队。

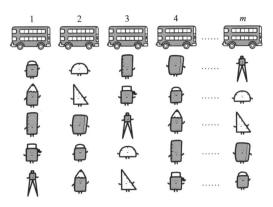

④ 让按③排好队的乘客从左上角开始依次报数，按报数的编号
入住对应的房间。

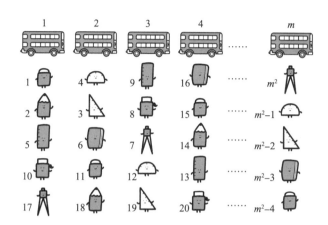

用算式来表示的话，就是对于乘坐 m 号大巴的第 n 个人：

(1) 当 $n \leq m$ 时，入住 $m^2 - n + 1$ 号房间；

(2) 当 $n > m$ 时，入住 $(n-1)^2 + m$ 号房间。

此时，乘坐 m 号大巴的第 n 个人只会被分配到一个房间，反过
来说，某个按正整数编号的房间也只会分配给一个人入住，这被称为
双射。

按照这种方法，既能满足让所有乘客入住，又不会留下空房间，
从旅馆的角度来说更容易管理。看来，提案者一定是个非常严谨的人。

不过，让乘客排队的时候需要无限的空间，这也是个难题。

方法 **3**

字符串分配

(@GoogologyBot)

① 将大巴依次编号为 1 号、2 号、3 号，等等。方便起见，将旅馆作为 0 号。

② 为乘坐 m 号大巴的第 n 个人分配一个形如 "010101...010000..." 的字符串。

这个字符串中，先是 m 个连续的 01，然后是 n 个 0。

③ 按字符串长度从小到大排序，长度相同时按字典序排序。

这样就可以把所有人排成一列了，然后按顺序入住旅馆即可。

在大巴中挤在一起的乘客，一下子就排成一列了。

这种方法厉害的地方在于字符串的分配方式设计得非常巧妙，即便有无数组包含无数辆载有无数人的大巴，用它也能够应对。

能想出这种方法的投稿者，一定能当一名优秀的旅馆经理。

既然这个旅馆能住下无数人，那房费收入也是无穷大吧。

问题16
列举特别大的数

人类这种生物天生就喜欢巨大的东西。很多男孩觉得巨大的机器人充满了浪漫色彩。传说中，人类曾试图建造一座高耸入云的通天塔，但没有成功。如今，人们在世界各地建造了各种高塔，各国也以建造高塔来展现自己的经济实力。

这一点对于数学也是一样的，人们热衷于巨大的数可以说是一种自然规律。在数学中，我们将特别大的数称为"大数"，世界上有很多人对大数非常着迷。他们热衷于寻找前所未有的大数，在无限延伸的数轴上前进。这些人或可被称为"数之旅行者"。

本章中，你也可以成为一名数之旅行者，见识一下前人探索出的各种大数。

※ 需要说明的是，无穷大并不是一个"数"，而是一个"概念"，因此不在本章的讨论范围内。

LEVEL ★★

方法 1

巨大的数

（@ 有名问题）

1

10

100

1000

| 10^4 | $=10000$ |
| | 现在日本使用的面额最大的纸币是 1 万日元 |

| 10^{14} | $=100000000000000$ |
| | 100 兆日元大约相当于日本一年的国家预算 |

| 10^{16} | 京 |

| 6.02×10^{23} | 阿伏伽德罗常数 |
| | 0.012kg 的碳元素（^{12}C）所包含的原子数量 |

| 10^{60} | 那由他 [①] |
| 10^{63} | 填满宇宙所需的沙粒数量（古希腊数学家阿里斯塔克斯所估算的上限） |

> 像攀登通天塔一样，不断列举更大的数吧

---

① "那由他"以及后面出现的"不可思议""无量大数""不可说不可说转"都是从印度传入的佛教数量用语。——译者注

10^{64} 不可思议

10^{68} 无量大数

4.4×10^{360783} 无限猴子定理中打出《哈姆雷特》所需要的字符数

※ 无限猴子定理是指让猴子随机敲击键盘，只要经过足够长的时间就可以打出莎士比亚的作品

$2^{82589933} - 1$ 截至 2020 年人类已知的最大质数

$10^{7 \times 2^{122}}$ 不可说不可说转

佛经中出现的最大的数

$10^{10^{10^{122}}}$ 物理学家所估算的宇宙大小（在这个尺度上，单位是光年还是米只有误差水平的差异）

$10 \uparrow\uparrow 10$ Decker

$3 \uparrow\uparrow\uparrow 3$ Tritri

> ↑是高德纳箭号表示法

⋮

超乎想象

的距离

⋮

g_{64} 葛立恒数

吉尼斯世界纪录记载的数学证明中使用的最大的数

方法 **2**

指数函数

(@ 有名问题)

指数函数是指"将 a 连乘 b 次",记作 a^b（读作 a 的 b 次方）。

$$a^b = \underbrace{a \times a \times a \times a \times \cdots \times a}_{b \uparrow}$$

通过 a 和 b 的组合可以表示很大的数，天文学中的数都可以用指数函数来表示。

[**指数函数的例子**]

将普通复印纸（厚度约为 0.09mm）对折 n 次后的厚度 t（单位 mm）的变化如下表所示。

n/次	0	1	2	3	4	5	6
t/mm	0.09	0.18	0.36	0.72	1.44	2.88	5.76

将上表用算式表示如下：

$$t = 2^n \times 0.09$$

这里的 2^n 就是指数函数。

当 $n=0$ 时厚度为 0.09mm：复印纸

当 $n=10$ 时厚度约为 9.2cm：明信片的宽度

当 $n=14$ 时厚度约为 1.47m：人的身高

当 $n=19$ 时厚度约为 47.2m：平等院凤凰堂[①]的宽度

当 $n=22$ 时厚度约为 337m：东京塔的高度（333m）

当 $n=23$ 时厚度约为 755m：东京晴空塔的高度（634m）

当 $n=24$ 时厚度约为 1510m：迪拜哈利法塔的高度（829.8m）

当 $n=31$ 时厚度约为 193km：从地面到太空的距离（100km）

当 $n=42$ 时厚度约为 395824km：从地球到月球的距离（约 384400km）

---

① 平等院凤凰堂是一座修建于日本平安时代的佛堂，位于日本东京都宇治市，是日本国宝，联合国文化遗产。——译者注

也就是说，一张平平无奇的复印纸，对折 42 次就可以到达月球。这种以恐怖的速度增大的现象称为**指数爆炸**。

此外，可观测宇宙的大小也可以用指数函数来表示，即 1.0×10^{27}m。很多人可能听说过的**无量大数**是 10^{68}。

要想表示更大的数，可以使用**复合函数**。复合函数就是将一个函数代入另一个函数构成一个新的函数，比如可以将指数函数代入另一个指数函数，如下所示。这个表达式读作 a 的 b 的 c 次方次方。

$$a^{b^c}$$

按照规则，复合函数一般是从右往左计算的，例如：

$$2^{3^2} = 2^9 = 512$$

佛经中记载的最大的数是不可说不可说转，即 $10^{7 \times 2^{122}}$。

要得到更大的数，可以使用多层嵌套的复合函数。

（a 的 a 的 a 的 a 的 a 的 a 的 a 的 a 的次方次方次方次方次方次方次方）

这也太难念了吧。

到了这个量级，人类对数值大小的感觉就已经跟不上了。

比如说，a^{a^b} 比 a^b 要大很多很多，那么此时对于 a^{a^b} 来说，a^b 就可以忽略不计了。

此时令 $c = a^{a^{a^b}}$，考虑 c^c 的值，有

$$c^c = (a^{a^{a^b}})^{a^{a^{a^b}}} = a(a^{a^b} \times a^{a^{a^b}}) = a^{a^{(a^b + a^{a^b})}} \approx a^{a^{a^{a^b}}} = a^c$$

也就是得到了 $a \approx c = a^{a^{a^b}}$ 这样的结果。

由此可见，当考虑一个大到现实中无法计算的数值时，不能依赖人类对大小的感觉。这种现象称为**幂塔悖论**。

方法 **3**

迭代幂次

（@ 有名问题）

我们知道，乘法可以定义为加法的迭代。

$$a \times b = \underbrace{a + a + \cdots + a + a}_{b个}$$

而**幂（指数函数）**可以定义为乘法的迭代。

$$a^b = \underbrace{a \times a \times \cdots \times a \times a}_{b个}$$

刚才我们讲过，使用指数函数可以表示比宇宙还大的数。

要表示那些用指数函数都难以表达的大数，使用**高德纳箭号表示法**[1] 就非常方便。

用高德纳箭号表示法，我们可以写出如下表达式：

$$a^b = a \uparrow b$$

这样写的好处是，在表示幂运算的迭代时，不需要占用额外的空间。下面我们来定义一种称为**迭代幂次**[2] 的运算。

---

[1] 高德纳箭号表示法是由著名计算机科学家高德纳（Donald Knuth）于1976年提出的。"高德纳"是他本人使用的中文名字，由中科院院士、著名计算机科学家姚期智的夫人储枫所取。——译者注

[2] 迭代幂次的英文名称为 tetration，其中 tetra- 为表示 4 的前缀，因此也称为四级运算，相应的一级、二级、三级运算分别为加法、乘法和幂。——译者注

迭代幂次使用两个箭号来表示，它代表**幂的迭代**。

$$a \uparrow\uparrow b = \underbrace{a \uparrow a \uparrow \cdots \uparrow a \uparrow a}_{b\uparrow} = \underbrace{a^{a^{\cdot^{\cdot^{\cdot^{a^a}}}}}}_{b\uparrow}$$

其中，计算的规则也是从右往左。

（例）

$$2 \uparrow\uparrow 3 = 2 \uparrow 2 \uparrow 2 = 2 \uparrow 4 = 16$$
$$2 \uparrow\uparrow 4 = 2 \uparrow 2 \uparrow 2 \uparrow 2 = 2 \uparrow 2 \uparrow 4 = 2 \uparrow 16 = 65536$$

使用迭代幂次可以表示远超指数函数的大数。

而且，相比 $7^{7^{7^{7^{7}}}}$ 来说，显然 $7 \uparrow\uparrow 6$ 这种写法更简单，也更节省空间。

话说，宇宙的大小为 $10^{10^{10^{122}}}$，这个数比 $10 \uparrow\uparrow 4$ 大，比 $10 \uparrow\uparrow 5$ 小。比 $10 \uparrow\uparrow 5$ 更大的数 $10 \uparrow\uparrow 10$，有个专门的名字叫作 Decker。

那么，如果要表示比迭代幂次更大数量级的数该怎么办呢？

答案非常简单，没错，**只要对迭代幂次进行迭代就可以了。**

$$a \uparrow\uparrow\uparrow b = a \uparrow\uparrow a \uparrow\uparrow \cdots \uparrow\uparrow a \uparrow\uparrow a$$

这种三个箭号的运算符称为**五级运算**[1]。和迭代幂次一样，运算顺序也是从右往左。我们还可以继续增加更多的箭号。

$$a \uparrow\uparrow\uparrow\uparrow b = a \uparrow\uparrow\uparrow a \uparrow\uparrow\uparrow \cdots \uparrow\uparrow\uparrow a \uparrow\uparrow\uparrow a$$
$$a \uparrow\uparrow\uparrow\uparrow\uparrow b = a \uparrow\uparrow\uparrow\uparrow a \uparrow\uparrow\uparrow\uparrow \cdots \uparrow\uparrow\uparrow\uparrow a \uparrow\uparrow\uparrow\uparrow a$$
$$a \uparrow\uparrow\uparrow\uparrow\uparrow\uparrow b = a \uparrow\uparrow\uparrow\uparrow\uparrow a \uparrow\uparrow\uparrow\uparrow\uparrow \cdots \uparrow\uparrow\uparrow\uparrow\uparrow a \uparrow\uparrow\uparrow\uparrow\uparrow a$$

这样下去箭号数量太多，写起来也很累，于是我们可以将连续的 n 个箭号写作 $\uparrow^n$。

$$a \uparrow^n b = a \uparrow^{n-1} a \uparrow^{n-1} \cdots \uparrow^{n-1} a \uparrow^{n-1} a$$

这样的数的大小已经远远超出想象了，比宇宙还要大得多，完全想不出该用什么来形容了。

被誉为"现代大数理论之父"的美国大数研究者乔纳森·鲍尔斯曾提出：

"比 $10 \uparrow\uparrow\uparrow\uparrow\uparrow\uparrow\uparrow\uparrow\uparrow\uparrow 10$ 还大的数，尽管不是无穷大，但也差不多就是无穷大了。"

正如人们将和天空一样高的摩天大楼称为 skyscraper，鲍尔斯将比 $10 \uparrow\uparrow\uparrow\uparrow\uparrow\uparrow\uparrow\uparrow\uparrow\uparrow 10$ 还大的数称为 infinityscraper。

---

[1] 五级运算的英文为 pentation，其中 pent-（penta-）为代表 5 的前缀。

LEVEL ★★★★

━━━━ 方法 **4** ━━━━

葛立恒数

(@ 葛立恒)

葛立恒数是由美国数学家罗纳德·路易斯·葛立恒[1]在其关于拉姆齐理论的论文中使用的数，是在大数领域中十分著名的一个大数。

葛立恒数是**吉尼斯世界纪录**中记载的"**数学证明中使用过的最大的数**"（尽管现在这个纪录已被更新，但新的大数并未载入吉尼斯世界纪录）。要理解为什么会使用这个数需要非常专业的数学知识，不过对于已经读到这里的朋友们，我还是简单介绍一下葛立恒数的定义吧。

之前我们学习了使用 n 个 ↑ 来构造一个以恐怖速度增大的函数 $a \uparrow^n b$。葛立恒数的定义就是对这个函数进行迭代。

$$g_0 = 4$$

$$g_1 = \underbrace{3 \uparrow\uparrow\uparrow\uparrow 3}_{g_0}$$

$$g_2 = \underbrace{3 \uparrow\uparrow \cdots \uparrow\uparrow 3}_{g_1}$$

$$g_3 = \underbrace{3 \uparrow\uparrow\uparrow \cdots \uparrow\uparrow\uparrow 3}_{g_2}$$

$$g_4 = \underbrace{3 \uparrow\uparrow\uparrow\uparrow \cdots \uparrow\uparrow\uparrow\uparrow 3}_{g_3}$$

$$\vdots$$

$$g_{m+1} = \underbrace{3 \uparrow\uparrow\uparrow\uparrow\uparrow \cdots \uparrow\uparrow\uparrow\uparrow\uparrow 3}_{g_m}$$

---

[1] 葛立恒的英文名为 Ronald Lewis Graham，葛立恒是他使用的中文名，其来源据说与他的夫人、华裔数学家金芳蓉有关。——译者注

这里的 g_{64} 就是葛立恒数。不愧是载入吉尼斯世界纪录的数，大到连高德纳箭号都无法表示了。

葛立恒在求解某个未解决问题的过程中，证明了该问题的解要小于葛立恒数（即估算了解的上限）。

实际上，截至 2020 年，人们已经发现了很多比葛立恒数更大的数。

和数学整体悠久的历史相比，大数是最近才引发关注的一个年轻领域。

希望对大数有兴趣的朋友们能够和全世界的大数研究者一起，踏上无穷无尽的数的冒险旅程。

一 君 的 小 专 栏

数学欺骗术

即便不改变数据本身，只要改变其呈现方式，就可以操纵人们的印象。下面我来介绍两个利用数学进行欺骗的例子。

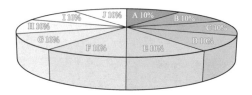

上图是一种比较常见的印象操纵方法，3D 饼图这种立体图，只要倾斜一下就可以让面前的部分看起来更大。

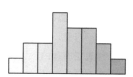
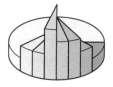

上图这种方法来自 @1Hassium 的投稿。它"从侧面看是柱状图，但其实是一个立体的饼图，因此所看到的比例完全不同"。这也是一个利用观看角度进行欺骗的例子。

"欺骗"的方法还有很多，但"这里空白太小写不下"。能读到这里的朋友，你们已经是"数学集团"的一员了，请思考更多的方法吧！

哎呀，真是见识到了一个不得了的世界。所谓**"有无数种答案"**，原来是这么回事啊……

店长

一君

没错！我是从上高一时开始搞数学大喜利活动的，就是用手机发发推文，目的是将数学的乐趣传递给更多的人。

哇！厉害！就像现在一样！**你现在就在用一台手机传播着对数学的热爱！**

店长

一君

过奖了（笑）。高中的数学题基本上只有唯一的答案，却有无数种解法。当时，我发现"无数种解法"才是数学真正有趣的地方，因此便开始搞数学大喜利活动。我认为，本书中所介绍的"数学问题"，其实并没有"正确答案"。对于每一道"题目"，都存在无数种"解法"，希望大家能够体会到这种乐趣。

198

店长

当然，除了本书中介绍的"答案"，还存在很多不同的"答案"吧？

一君

没错！正是因为有很多种"答案"，数学才能够刺激和培养人们的想象力和创造力。

希望读过本书的朋友们，对于本书中的"题目"，能够去思考和研究"属于自己的答案"。

你认为正确的，那就是正确答案。

（只要有数学依据。）

它可能是博人一笑的，也可能是让人感到优美的。

请努力寻找属于自己的答案吧。

然后，

请尽情享受"没有唯一正确答案的数学"所带来的乐趣吧。

让我们一起在数学的世界里"嗨"起来！

［鸣　谢］

　　2017年，还是高中生的我，一个人用手机发出了第一条推文，数学爱好者协会的活动便从此开始了。一开始并没有人关注这样的活动，但后来我的伙伴渐渐多了起来，他们支持着青涩的我，陪我一起玩。正是因为有了这些伙伴，数学爱好者协会才能不断成长，本书才能成功地出版。

　　协会创立至今的四年间，我们组织了各种各样的活动。除了科普一些既存的数学话题之外，我们也在数学领域中进行过各种尝试。例如，在线发表自己的研究成果，创作并组织原创的模拟考试，挑战比培训机构更快地整理出高考题答案，举办数学夏日庆典等活动，用数学为大企业做广告宣传，等等。尽管如此，我们依然发现让不喜欢数学的人对数学产生兴趣是一件很难的事。为了能同时让喜欢数学的人以及和数学有一定距离的人都得到满足，我们思考再三，决定举办数学大喜利活动。

　　我们选择了一些话题度很高、比较贴近日常生活的题目，成功地让平时不关心数学的人们也对这些问题产生了兴趣（当然，我们也同样重视面向数学爱好者的题目）。此外，任何人都可以参加大喜利这一点也非常符合推特的特性，也正因为如此，天南海北的朋友们才能为我们提供很多意想不到的好点子。虽然我出题的时候会预想到"应该会有这样的答案"，但每次都会因为一些出乎意料的答案而感到震惊，同时也从中受益匪浅。

　　四年前我在推特上没有一个粉丝，到现在粉丝数已经达到9万人，尽管实现向更多的人传递数学的乐趣这一目标依然道阻且长，但可以说我还在这条道路上坚持前行。这四年间最大的收获，其实是遇到了一些在平常的生活中根本不可能遇到的朋友。数学爱好者协会的成员以及数学大喜利的参加者自不必说，购买并阅读本书的你也是其中的一员。

　　只要你能通过本书稍微感到"数学真有趣！"，作为作者，我便感到十分欣慰了。再次向你的一路陪伴表示衷心的感谢！

　　在本书的策划过程中，我得到了很多朋友的帮助。在这里请允许我再次向大家介绍授权刊登投稿的推特网友们，我向你们表示衷心的感谢！

@potetoichiro / @tanishi_0 / @asunokibou / @Yugemaku / @dannchu / @aburi_roll_cake / @IK27562928 / @KaDi_nazo / @StandeeCock / @arith_rose / @con_malinconia / @Natootoki / @pythagoratos / @rusa6111 / @828sui / @biophysilogy / @Arrow_Dropout / @sou08437056 / @logyytanFFFg / @CHARTMANq / @heliac_arc / @card_board1909 / @constant_pi / @apu_yokai / @opus_118_2 / @MarimoYoukan03 / @yasuyuki2011h / @toku51n / @nekomiyanono / @fukashi_math / @ugo_ugo / @kiri8128 / @Keyneqq / @TakatoraOfMath / @sinon4k / @Shosha_11235 / @GoogologyBot / @1Hassium

（截至 2021 年 6 月，排序不分先后）

感谢参加数学大喜利的各位朋友。正是因为你们的热情参与，大喜利才能搞得热热闹闹的。即便很多朋友的作品未能入选，它们对我来说也同样值得欣赏。

感谢浏览数学爱好者协会推文的网友们。2019 年 8 月，当"三等分圆"大赛发布结果时，总共获得了超过 15 万人点赞。两年后，我们能够继续搞活动，离不开各位网友的大力支持。

感谢数学爱好者协会的会员、管理员朋友们。正是因为有了你们这群伙伴，协会才能愉快地维持活动并发展壮大。在本书的策划、制作过程中，我得到了很多宝贵的意见。我能度过愉快的大学时光，也离不开伙伴们的支持。谢谢大家，今后也拜托大家多多关照。

最后，感谢为本书的制作提供帮助的各位朋友。感谢编辑角田老师向我发出邀请。能让我这个拖延症患者成功出版本书，角田老师毫无疑问是功不可没的。感谢策划编辑店长，是他帮我把拙劣的表达润色得如此有趣。感谢为本书绘制可爱插图的 STUDY 优作，设计师 OCTAVE，校对宫本老师、四月社、鸥来堂，版面编辑甲斐老师，以及排版 Forest。

谨向所有参与本书制作工作的朋友表示衷心的感谢。

数学爱好者协会会长 一君

2021 年 6 月

作者简介

数学爱好者协会会长
（一君）

2001 年生于日本兵库县神户市。

初中时目睹了朋友在黑板前兴致勃勃地讲解如何计算从袋子里倒出酱油味小零食的概率，从而对数学产生了兴趣，并在高中彻底被数学世界所吸引。为了让更多的人感受到数学的乐趣，在 2017 年上高一时成立了数学爱好者协会。通过在推特上不断发布与数学相关的有趣话题，粉丝数超过 9 万人；并通过举办称为"数学大喜利"的数学大赛赢得了广泛关注，数学爱好者协会也因此成为日本规模最大的数学爱好者团体之一。

2020 年考入早稻田大学，一边在学校学习数学，一边举办数学夏日庆典等活动，并将活动阵地拓展到 YouTube，将数学的乐趣传播给更多的人。

店长
（てんちょう）

1990 年生于日本大阪府，毕业于京都大学工学部。

在高考之后为了放松身心，开始参加大喜利活动，除了作为演员在台前表演外，还同时担任西日本规模最大的大喜利活动的主办者，以"即便不是专业的，你也可以传播快乐"为理念，为扩大大喜利的群体规模进行积极的活动。

现在主业是公司职员，但业余依然参与主办、演出、宣传等大喜利的相关活动。近年来也以网络媒体"Omokoro"为主要阵地担任撰稿人。